“十四五”国家重点出版物出版规划重大工程
量子科学出版工程（第四辑）

Quantum Algorithms
for Data Mining

吁超华　著

量子数据挖掘算法

中国科学技术大学出版社

内 容 简 介

在大数据背景下，现有的经典数据挖掘算法面临计算性能的严峻挑战.本书讨论如何利用量子计算高效解决数据挖掘问题，重点针对关联规则挖掘、主成分分析、岭回归及其在视觉追踪方面的应用等若干重要的数据挖掘问题介绍相应的量子算法，分析它们的复杂度并评估它们相对经典算法的速度优势.

本书适合量子算法和数据挖掘相关领域的研究人员使用，也可供感兴趣的读者阅读.

图书在版编目(CIP)数据

量子数据挖掘算法/吁超华著.—合肥：中国科学技术大学出版社，2023.1

(量子科学出版工程.第四辑)

“十四五”国家重点出版物出版规划重大工程

安徽省文化强省建设专项资金项目

ISBN 978-7-312-05515-7

Ⅰ.量…　Ⅱ.吁…　Ⅲ.数据采集—应用—量子力学—计算方法　Ⅳ.O413.1-39

中国版本图书馆 CIP 数据核字(2022)第 168909 号

量子数据挖掘算法

LIANGZI SHUJU WAJUE SUANFA

出版　中国科学技术大学出版社

安徽省合肥市金寨路 96 号，230026

http://press.ustc.edu.cn

https://zgkxjsdxcbs.tmall.com

印刷　合肥华苑印刷包装有限公司

发行　中国科学技术大学出版社

开本　787 mm×1092 mm　1/16

印张　8.25

字数　140 千

版次　2023 年 1 月第 1 版

印次　2023 年 1 月第 1 次印刷

定价　48.00 元

前言

作为计算机科学和统计学的交叉子领域, 数据挖掘旨在从大量数据中挖掘出其中隐藏的重要信息, 是知识发现的关键步骤. 然而, 随着信息技术的高速发展, 全球数据总量每年呈指数增长, 这使得经典数据挖掘算法在未来处理大数据时将面临计算性能的巨大挑战.

量子计算利用量子力学基本原理 (如量子叠加和量子纠缠) 实现计算任务, 在解决某些特定问题时相比经典计算具有显著的速度优势. 例如, Shor 量子算法能够快速分解大数因子, 相对经典算法具有指数级别的加速作用, 对被广泛应用的 RSA 密码系统安全构成严重威胁. 近年来, 量子计算已被应用到数据挖掘领域, 人们也提出了许多解决多种数据挖掘问题的高效量子算法. 然而, 量子数据挖掘算法研究仍处于初始阶段, 许多数据挖掘问题尚无高效量子算法解决. 本书将介绍几种解决若干重要的数据挖掘问题的量子算法, 它们相对经典算法具有显著加速作用. 具体来说, 本书主要介绍以下几种量子数据挖掘算法:

1. 量子关联规则挖掘算法. 该算法能够从候选项集中快速找出频繁项集. 具体来说, 对于 $M_{\mathrm{c}}^{(k)}$ 个候选 k 项集中存在 $M_{\mathrm{f}}^{(k)}$ ($M_{\mathrm{f}}^{(k)} \leqslant M_{\mathrm{c}}^{(k)}$) 个频繁 k 项集的情况, 量子数据挖掘算法通过并行幅度估计和幅度放大能够有效地挖掘出这些频繁 k 项集, 并估计它们的支持度. 该量子算法的复杂度为 $O\left(k\sqrt{M_{\mathrm{c}}^{(k)}M_{\mathrm{f}}^{(k)}}/\epsilon\right)$, 其中 ϵ 为支持度估计误差. 与复杂度为 $O\left(kM_{\mathrm{c}}^{(k)}/\epsilon^2\right)$ 的经典算法相比, 该量子算法当 $M_{\mathrm{f}}^{(k)} \ll M_{\mathrm{c}}^{(k)}$ 时关于 ϵ 和 $M_{\mathrm{c}}^{(k)}$ 均有平方加速效果, 而当 $M_{\mathrm{f}}^{(k)} \approx M_{\mathrm{c}}^{(k)}$ 时仅关于 ϵ 具有平方加速效果.

2. 基于主成分分析的量子数据降维算法. 该算法以量子并行的方式将一个高维数据集投影到低维空间, 从而获得相应的低维数据集. 与经典算法相比, 当低维空间维数 d 和原高维空间维数满足 $d = O(\mathrm{polylog}(D))$ 时, 该量子算法具有指数加速效果. 此外, 该算法能够被用于两个重要的量子机器学习算法——量子支持向量机和量子线性回归预测, 使其摆脱“数据灾难”.

3. 量子岭回归算法. 该算法用于解决岭回归任务——一种通过对一般线性回归引入规范化以分析多重共线性数据的线性回归方法. 通过设计并行哈密顿量模拟技术, 该算法形成一个能高效估计岭回归预测性能的量子 K 重交叉验证方法. 整个算法首先利用量子 K 重交叉验证方法确定一个好的岭回归参数, 使岭回归在该参数下具有很好的预测性能, 然后产生一个幅度编码了该岭回归参数下岭回归最优拟合参数的量子态, 且该量子态可用于预测新数据. 由于使用稠密哈密顿量模拟技术作为基础, 该算法能够处理稠密数据矩阵. 相对经典算法, 当数据矩阵条件数 κ 与其维数 N 满足 $\kappa = O(\text{polylog}(N))$ 时, 该算法具有指数加速效果. 当 κ 大到使数据矩阵满秩或者近似满秩时, 具有多项式加速效果.

4. 量子视觉追踪算法. 该算法包括两个阶段：训练和探测. 在训练阶段, 为了区分目标和背景, 训练一个以量子态形式呈现的岭回归分类器, 其中岭回归最佳拟合参数被编码到该量子态幅度上. 在探测阶段, 利用该分类器产生一个幅度编码了所有候选图像块的岭回归响应的量子态. 与经典算法相比, 当训练阶段、探测阶段的图像数据矩阵的条件数 κ_{X}, κ_{Z} 和图像数据矩阵维数 n 满足 $\kappa_{\mathrm{X}}, \kappa_{\mathrm{Z}} = O(\text{polylog}(n))$ 时, 该算法具有指数加速优势. 此外, 该算法可用于高效实现两个与视觉追踪相关的任务：目标消失探测和运动行为匹配. 该量子算法展示了量子计算在解决计算机视觉问题方面的能力.

本书适用于对量子计算和数据挖掘交叉领域感兴趣的本科生和研究生.

吁超华

2022 年 10 月

目录

第 1 章

绪论

1.1 背景和意义

信息的高效传输和处理是推动人类社会文明进步的重要力量之一. 近 30 年来, 信息技术 (尤其是互联网技术) 的快速发展使得人类信息交流更加便捷和频繁. 与此同时, 频繁快速的信息交流会产生大量的数据. 2011 年发表在《Science》上的研究结果表明全世界存储的数据每年以近 20% 的速度增长 [1], 这意味着可预见的未来将处于“大数据”时代. 那么一个很自然、紧迫的问题将摆在面前：如何从急剧增长的大数据中挖掘出有价值的信息？为了解决此问题, 研究人员在计算机科学基础上发展出一个新的研究领域——数据挖掘. 详细来说, 数据挖掘是一门利用机器学习、统计学等工具和方法从大量数据中挖掘有用信息的技术 [2], 属于计算机科学的一个交叉子领域. 机器学习研究如何从数据中学习"知识"并用于预测新数据 [3-5], 因此和数据挖掘紧密相关, 两者在很多领域常互换. 数据挖掘是知识发现的关键步骤, 也是密码分析的一个重要工具 [6-8]. 简单来说, 数据挖掘可被用于挖掘密码系统中明密文隐藏的模式 [6], 从而分析密码系统的安全性. 数据挖掘解决的问题包括关联规则挖掘 (Association Rules Mining)、数据分类、回归分析、数据聚类、降维分析等 [2]. 然而, 由于数据的规模每年呈指数增长, 经典计算机在处理大数据挖掘任务时将面临巨大的计算能力的挑战.

20 世纪 80 年代, Feymman 首次提出了利用量子系统模拟量子系统状态演化的想法 [9], 开创了一种本质上全新的计算模型——量子计算. 量子计算将数据信息编码到量子状态 (量子态) 上并存储于量子系统 (量子计算机) 中, 通过对量子态的操作 (如量子酉操作和量子态测量) 实现对数据信息的计算 [10]. 与经典计算机所处理的基本单元为状态 0 或者 1 的比特不同, 量子计算机处理的基本单元为量子比特 (Qubit), 其状态可以是 0 和 1 的叠加状态. 由于量子态遵循量子力学的基本特性, 例如量子叠加和量子纠缠, 量子计算在解决某些特定问题时相对于经典计算具有显著的加速效果 [11]. 这些问题主要包括三类：量子模拟、大数因子分解和无结构数据库搜索. 量子模拟的构想由 Feynman 于 1982 年提出 [9]. 直到 1996 年, Seth Lloyd 首次提出量子哈密顿量 (Hamiltonian) 模拟算法 [12], 证实了 Feynman 的构想. 当一个封闭量子系统的演化哈密顿量算子能够写成局域系统哈密顿量算子之和时, 该算法能够高效地模拟这个封闭量子系统的演化. 后来, 学者们对量子哈密顿量模拟展开了更为深入的研究, 提出了多个针对稀疏哈密顿量模拟 [13-17] 和低秩非稀疏哈密顿量模拟 [19] 的高效量子算法. 1994 年, 数学家 Shor 提出了著名的 Shor 算法, 该算法以量子傅里叶变换 (Quantum Fourier Transformation)[10] 为基础, 能够在多项式时间内分解一个大整数的素数因子和求解离散对数问题 [20]. 该算法对基于大数因子分解且已广泛应用的 RSA 非对称密码系统的安全性提出严峻挑战. 1996 年, 计算机科学家 Lov Grover 提出了另一个著名的量子算法, 即 Grover 量子搜索算法 [21]. 给定一个具有 N 个元素且其中含有某个特定目标元素的无结构数据库 (目标元素在数据库中每个位置的概率相同, 即均为 $1/N$), 该算法能够仅通过查询该数据库 $O(\sqrt{N})$ 次, 就能以接近 1 的概率从该数据库中搜索到某个特定目标元素, 这相对经典搜索算法具有二次加速效果. Grover 算法后来被扩展成量子幅度放大算法 [22], 该算法能够对有结构数据库搜索多个目标. Grover 算法对对称密码系统的安全性产生直接威胁 [10].

在上述背景下, 量子计算相比于经典计算在解决上述特定问题时所具备的速度优势, 使得越来越多的学者探究如何利用量子计算更高效地解决数据挖掘 (机器学习) 问题, 催生了新的研究领域——量子数据挖掘 (量子机器学习). 近 15 年来, 人们设计了许多针对各种数据挖掘问题 (如线性回归和数据分类) 的量子算法, 这些算法与经典算法相比具有显著的加速效果. 例如, Rebentrost 等人于 2014 年提出了一个针对大数据二分类的量子支持向量机 (Support Vector Machine) 算法 [23]. 相对经典算法, 该算法在数据矩阵近似低秩时具有指数加速效果. 需要注意的是, 近年来量子数据挖掘已经扩展到了神经网络, 且催生了若干量子神经网络模型 [24-29]. 更详细的量子数据挖掘 (量子机器学习) 综述可见文献 [30-33].

尽管针对数据挖掘的量子算法研究已经取得许多不俗的成果, 但是其中许多算法只能在数据集满足较为苛刻的条件时, 才相比经典算法具有显著加速效果. 例如, 上述量子支持向量机算法相对经典对应算法指数加速的前提是数据矩阵是低秩的. 更重要的是, 现有的量子算法解决的数据挖掘问题的范围仍然比较窄, 主要侧重于数据分类、回归和聚类等问题. 许多其他重要的数据挖掘问题, 如关联规则挖掘问题, 尚无相应的高效量子算法解决. 总体来说, 量子数据挖掘算法研究仍然处于初始阶段, 解决更多数据挖掘问题的量子算法值得更进一步研究.

综上所述, 研究数据挖掘的量子算法的意义主要体现在以下三个方面:

首先, 量子数据挖掘算法能够为研究密码分析量子算法提供重要参考, 并促进量子信息处理的其他领域的发展. 众所周知, 密码分析量子算法 (如 Shor 量子算法) 对现代密码系统的安全性提出严峻挑战, 而数据分析量子算法的设计对密码分析量子算法研究具有重要的启发作用. 举例来说, Grover 量子搜索算法 [21] 或者其扩展版本——量子幅度放大 [22] 最初用于快速数据搜索. 近年来, 研究人员已经利用它们设计攻击 AES 等对称密码系统或者 Hash 函数的量子算法 [34,35]. 因此, 量子数据挖掘算法能够很好地帮助探索针对密码分析的量子算法.

其次, “大数据”时代数据规模每年以指数级增长, 因此高效的量子数据挖掘算法能够帮助解决"大数据"背景下经典计算难以高效解决数据挖掘问题的难题.

最后, 量子数据挖掘算法还能够帮助认识量子计算 (对于解决某些问题) 是否在本质上要比经典计算具有更强的计算能力.

1.2 研究现状

2009 年, Harrow 等人利用稀疏哈密顿量模拟和相位估计技术首次设计了一个求解线性方程组的量子算法 [36], 即 HHL 算法. 该算法输出一个量子态, 其幅度编码方程组的解. 当方程组数据矩阵为稀疏厄米矩阵 (Hermitian matrix) 且条件数很低时, 该算法能够在多项式时间内输出该量子态, 这相对最好的经典线性方程组算法具有指数加速效果. 之后, 人们对该算法进行了优化和扩展, 提出了更快速的量子线性方程组求解算法 [37,38] 和针对更一般的非稀疏矩阵的量子线性方程组算法 [39]. 另外, 许多研究小组在量子计算机上对 HHL 算法及其变体进行了实验 [40-42]. 实质上, HHL 算法实现的是对矩阵的求逆运算, 同时也提供了一种实现矩阵代数运算的通用方案. HHL 算法的出现促使人们研究针对数据挖掘问题的量子算法, 尤其是针对那些可通过数据矩阵代数运算求解的问题. 截至目前, 人们已经提出了针对各种数据挖掘问题 (如数据分类、线性回归和数据聚类等) 的量子算法, 主要包括以下几类.

1.2.1 量子数据分类算法

2003 年, Anguita 等人提出了一个量子支持向量机算法, 该算法利用 Grover 算法加速了著名的支持向量机数据分类算法的训练过程 [43]. 2014 年, Rebentrost 等人进一步利用 HHL 算法 [36] 和密度矩阵求幂方法 [61], 提出了一个量子支持向量机算法 [23]. 该算法在数据矩阵低秩的条件下能够以多项式时间对大数据分类, 相对于经典支持向量机算法具有指数加速效果. 2015 年, 杜江峰院士研究组在 NMR 系统上完成了对该算法的演示实验 [44].

2013 年, Pudenz 等人设计了一个基于量子绝热计算模型的量子分类框架 [45]. 同年, Lloyd 等人提出了一个最近邻分类量子算法, 且相对于经典对应算法具有指数加速效果 [46]. 随后, 潘建伟院士研究组在光量子计算平台上完成了 Lloyd 所提算法的演示实验 [47]. 2016 年, Cong 和 Duan 设计了一个基于线性判别分析的量子分类算法 [48]. 当数据矩阵为低秩时, 该算法能够以多项式时间快速分类两类数据集, 相对于经典线性判别分类算法具有指数加速效果. 2017 年, Schuld 等人提出了一个基于距离的高效量子分类算法, 并在 IBM 量子计算平台上实现了该算法 [49]. 同年, Duan 等人提出了一个量子支持矩阵机分类算法以分类矩阵数据, 且当数据矩阵的条件数很低时相对经典算法具有指数加速效果 [50]. 2018 年, Schuld 等人提出了一个低深度变分量子分类算法, 该算法在近期量子计算机上相对更容易实现 [51]. 同年, Schuld 等人还提出了一个多个量子分类器组合的量子分类器 [52], 该组合分类器相对单个分类器的分类性能更强. 最近, Farhi 和 Neven 提出了一个利用量子神经网络的数据分类方案 [53], 该方案在近期量子计算机上亦较易实现.

此外, 人们也研究了量子数据分类算法在其他领域的应用. 2018 年, Liu 和 Rebentrost 设计了一个基于量子数据分类的量子异常点检测算法 [54].

1.2.2 量子线性回归算法

2012 年, Wiebe 等人首次提出了一个基于 HHL 算法的量子线性回归算法 [55]. 当数据矩阵稀疏且具有很低的条件数时, 该算法相对经典算法具有指数加速效果. 后来, Liu 和 Zhang 对该算法进行了简化, 提出了更快速的量子线性回归算法 [56]. 2016 年, Schuld 提出利用线性回归预测新数据的量子算法 [57]. 当数据矩阵低秩时, 该算法相对经典算法具有指数加速优势. 2017 年, Wang 提出了一个基于标准黑盒 (Oracle) 模型的量子线性回归算法 [58], 该算法只在样本数目上相比经典算法具有指数加速效果, 而在其他参数上并无明显加速效果. 但更重要的是, 该算法能够直接输出拟合参数的经典信息, 因此可以在经典计算机上无限制地被重复用于预测新数据.

1.2.3 量子聚类算法

2013 年, Lloyd 等人提出了一个量子 K-means 数据分类算法, 该算法在绝热量子计算模型下生成一个并行编码所有数据聚类类别的量子态 [46]. 与经典 K-means 算法相比, 该算法在数据维数和数据数量这两个参数上具有指数加速效果 [46]. 同年, Aïmeur等人提出了一个基于 Grover 算法的量子 K-medians 聚类算法 [59], 该算法相比经典 K-medians 聚类算法具有显著加速效果. 2017 年, Otterbach 等人提出了一个经典计算和量子计算结合的数据聚类方案, 并在 19 个量子比特的量子计算机上验证了该方案 [60].

1.2.4 量子降维算法

2014 年, Lloyd 提出了一个基于主成分分析 (Principle Component Analysis) 的量子降维算法 [61], 当数据协方差矩阵的秩很低时, 该算法能够在多项式时间内以量子态形式产生主成分, 因此相对经典主成分分析算法具有指数加速效果. 2016 年, Cong 和 Duan 提出了一个量子线性判别分析降维算法 [48]. 该算法和量子主成分分析算法类似, 最后也以量子态形式生成构成低维空间一组基的主成分. 当数据矩阵的秩很低时, 该算法亦相对经典算法具有指数加速效果. 然而需要强调的是, 这两个算法均只生成构成低维空间的主成分, 而并未实现完整的降维过程, 即将高维数据集映射到低维空间以获得相应的低维数据集. 本书将介绍实现该完整降维过程的量子算法.

1.2.5 其他量子算法

2016 年, Lloyd 等人提出了两个量子拓扑数据分析算法, 分别计算数据集拓扑结构的贝蒂数 (Betti number), 以及产生组合拉普拉斯矩阵的特征值和特征向量 [62]. 相对经典拓扑数据分析算法, 这两个算法均有指数加速效果. 2019 年, Schuld 和 Killoran 提出了一种在特征空间上的量子机器学习模型 [63], 这意味着在该模型基础上可以设计新的针对数据挖掘的量子算法. 同年, Havlíĉek等人提出了类似的方案以解决分类问题[64].

尽管针对数据挖掘的量子算法已经取得如上所述的丰硕成果，但是该领域的发展仍然处于初始阶段，许多数据挖掘问题仍无能快速解决的量子算法. 本书将介绍几种针对若干重要数据挖掘问题的快速量子算法.

1.3 章节安排及主要内容

首先，针对关联规则挖掘的核心任务，介绍一个快速的量子关联规则挖掘算法[66]. 其次，为了在量子计算机上实现完整的数据降维过程，介绍一个基于主成分分析的量子数据降维算法[67]. 接着，针对一般线性回归的扩展——岭回归，介绍一个量子岭回归算法[68]. 最后，将量子岭回归算法应用到计算机视觉领域，介绍一个量子视觉追踪算法[69]. 分析这些量子算法的时间复杂度，并和对应的经典算法比较，评估它们的加速效果. 下面简要介绍本书章节安排及主要内容.

第 1 章主要介绍量子数据挖掘算法的研究背景、意义、国内外研究现状，以及本书的内容安排.

第 2 章主要介绍本书需要的相关量子计算基础知识，包括量子信息、量子电路和一些基础量子算法. 这些基础知识将有助于理解后面介绍的针对若干数据挖掘问题的量子算法.

第 3 章介绍基于著名的 Apriori 关联规则挖掘算法[70]的量子版本——量子关联规则挖掘算法. 该算法首先构建一个能够判断每个交易记录是否包含一个候选 k 项集的量子黑盒，然后利用该黑盒执行并行量子幅度估计和量子幅度放大，产生编码所有频繁 k 项集及对应其支持度的叠加态，最终测量该叠加态可以获得频繁 k 项集及其支持度的经典信息. 最后，介绍该算法的时间复杂度，以及该算法相对经典 Apriori 算法的速度优势.

第 4 章介绍基于主成分分析的量子数据降维算法. 该算法基于主成分分析，以量子并行的方式将指数级大小的高维数据集降维至低维空间，最终获得编码所有低维数据的量子叠加态. 当低维空间的维数是高维空间维数的对数级大小时, 该量子算法相对经典主成分分析算法具有指数加速优势. 另外, 还介绍如何将低维数据量子态用于其他两个重要的量子机器学习算法: 量子支持向量机算法和量子线性回归预测算法, 使得它们摆脱"维数灾难".

第 5 章介绍针对一般性线性回归的一个重要扩展——岭回归的量子算法. 该算法利用一个量子交叉验证方法确定岭回归参数, 然后将获得的参数带入岭回归模型, 产生编码岭回归拟合参数的量子态. 该量子态可被用于预测新数据. 由于使用非稀疏哈密顿量模拟 [19], 该算法能够处理非稀疏数据矩阵. 最后, 分析该算法时间复杂度, 以评估该算法相对经典算法具有的速度优势.

第 6 章介绍一个基于近年著名的视觉追踪算法 [87,88] 的量子视觉追踪算法. 该算法首先构建一个能够分辨目标和环境的量子岭回归分类器, 生成一个幅度上编码岭回归参数的量子态, 其中数据矩阵为编码所有样本图像块 (sample image patches) 的循环矩阵. 然后, 将另一个编码所有候选图像块的循环数据矩阵输入到分类器中, 输出一个编码所有候选图像块响应的量子态. 算法时间复杂度分析表明, 在数据矩阵的条件数很低时, 该量子算法相比经典算法具有指数加速优势. 最后, 介绍该算法如何用于高效解决另外两个视觉追踪相关问题: 目标丢失检测 (object disappearance detection) 和运动行为匹配 (motion behaviour matching).

第 2 章

量子计算基础知识

本章主要从量子信息、量子电路和一些基础量子算法三方面介绍量子计算基础知识. 这些知识将有助于理解接下来几章所介绍的量子数据挖掘算法.

2.1　量子信息

首先介绍量子信息的基本单元, 即量子比特; 接着介绍从量子信息中获取经典信息的方式, 即量子测量.

2.1.1 量子比特

经典计算机处理信息的基本单元为一个比特, 其状态为 0 或者 1. 而量子计算机处理的基本单元为单个量子比特, 其状态为两个基态 $|0\rangle$ 和 $|1\rangle$ 的叠加状态. 单个量子比特的状态可用二维希尔伯特 (Hillbert) 空间里的一个单位复向量描述. 两个基态 $|0\rangle \in \mathbb{C}^2$ 和 $|1\rangle \in \mathbb{C}^2$ 构成该空间的一组基, 其向量形式为

$$|0\rangle = \begin{bmatrix} 0 \\ 1 \end{bmatrix}, \quad |1\rangle = \begin{bmatrix} 1 \\ 0 \end{bmatrix} \tag{2.1}$$

则任意一个量子比特的状态可以写成一个二维单位复向量:

$$|\psi\rangle = \alpha_0 |0\rangle + \alpha_1 |1\rangle = \begin{bmatrix} \alpha_0 \\ \alpha_1 \end{bmatrix} \in \mathbb{C}^2 \tag{2.2}$$

其中 $|\alpha_0|^2 + |\alpha_1|^2 = 1$.

对于 n 个量子比特, 其中第 j 个量子比特的状态记为 $|\psi_j\rangle = \alpha_0^j |0\rangle + \alpha_1^j |1\rangle$, 则整个 n 量子比特的状态为每个量子比特状态的张量积 (tensor product), 即

$$\begin{aligned} |\Psi\rangle &= \otimes_{j=1}^{n} (\alpha_0^j |0\rangle + \alpha_1^j |1\rangle) \\ &= \sum_{k_1, k_2, \cdots, k_n = 0}^{1} \alpha_{k_1 k_2 \cdots k_n} |k_1 k_2 \cdots k_n\rangle \end{aligned} \tag{2.3}$$

其中 $\alpha_{k_1 k_2 \cdots k_n} = \prod_{j=1}^{n} \alpha_{k_j}$ 且 $|k_1 k_2 \cdots k_n\rangle = \otimes_{j=1}^{n} |k_j\rangle$. 很显然, $\{|k_1 k_2 \cdots k_n\rangle | k_1, k_2, \cdots, k_n \in \{0,1\}\}$ 构成 2^n 维希尔伯特复空间 (即 $\mathbb{C}^{2^n}$) 的一组标准正交基, 亦称为计算基 (computational basis). 因此, 任意一个 n 量子比特的状态可用一个 2^n 维复向量表示, 且该向量是这组计算基下的一个线性组合. 这意味着, 相比于只能表示 n 比特信息的 n 经典比特, 一个 n 量子比特可以表示指数规模 (即 2^n) 的信息, 这使得量子计算相比经典计算以指数加速处理信息成为可能 [10].

当一个量子态以概率 p_j 处于 N 个量子态系统 (集合)$\{|\Psi_j\rangle\}_{j=1}^{N}$ 中第 j 个量子

态 $|\Psi_j\rangle$ 时, 该量子态称为一个混合态, 且用一个密度算子 (Density Operator)

$$\rho = \sum_{j=1}^{N} p_j |\Psi_j\rangle\langle\Psi_j| \tag{2.4}$$

来表示. 当一个量子态不能写成其他量子态的混合时, 称为纯态, 可用某个单位向量 $|\Psi\rangle$ 或者对应的密度算子 $|\Psi\rangle\langle\Psi|$ 来描述.

2.1.2 测量

量子计算机执行某个任务的最后阶段往往需要测量量子态以提取该任务的最终结果. 根据量子力学假设 [10], 对于一个量子系统所对应的量子态 ρ, 测量该系统可用一系列算子 $M_1, \cdots, M_N$ 来描述, 其中下标 $1, \cdots, N$ 表示 N 个可能的测量结果. 测量该系统将以概率

$$p_n = \mathrm{Tr}(M_n^\dagger M_n \rho)$$

得到第 n 个测量结果, 且该系统将塌缩到对应的量子态

$$\rho_n = \frac{M_n \rho M_n^\dagger}{\mathrm{Tr}(M_n^\dagger M_n \rho)}$$

其中 $n = 1, \cdots, N$. 特别地, 当 $M_n = M_n^\dagger$ 对所有 $n = 1, \cdots, N$ 均成立时, 这种测量称为投影测量.

此外, 根据量子力学假设 [10], 所有量子态的测量均关联到一个观测量 (observable). 任意一个观测量是一个厄米矩阵, 记为 $\hat{O}$, 其特征值和对应的特征向量分别记为 $\{\hat{o}_n\}_{n=1}^N$ 和 $\{|v_n\rangle\}_{n=1}^N$. 当对一个量子态为 ρ 的量子系统按照观测量 $\hat{O}$ 进行观测时, 将以概率 $p_j = \mathrm{Tr}(|v_j\rangle\langle v_j|\rho)$ 得到测量结果 $\{\hat{o}_n\}$, 且系统将塌缩到特征量子态 $|v_n\rangle$. 因此也可以称该量子态在这些特征向量构成的一组基 $\{|v_n\rangle\}_{n=1}^N$ 下测量.

单量子比特测量的电路可用图 2.1 表示.

图2.1　单量子比特状态测量
左边 $|\psi\rangle$ 表示单量子比特量子态，右边部分表示测量.

2.2　量子电路

经典量子计算机通过执行一个由一系列门 (gate) 构成的电路 (circuit) 实现某个特定的计算任务. 类似地, 量子计算机也执行一个量子电路 (quantum circuit) 实现某个计算任务, 其中量子电路也是由一些作用在单量子比特和多量子比特上的量子门 (quantum gate) 以及测量组成的. 测量已经在上一节说明, 本节主要介绍常见的量子门.

2.2.1　单量子比特门

量子门是作用在单个或者多个量子比特上以实现某个计算功能的酉操作 (酉矩阵). 最简单的量子门为单量子比特门, 即作用在单量子比特上的酉操作. 常见的单量子比特门如图 2.2 所示.

2.2.2　受控量子门

当某个 (某些) 比特满足某个条件时, 才对某个 (某些) 比特执行特定操作, 整个操作称为受控门. 受控门是经典计算机的一种重要的门电路. 本小节介绍其在量子计算机中的具体形式.

最常见的量子受控门是量子受控非门 (controlled NOT gate), 其作用在两个量子比特上, 分别称为控制量子比特, 记为 c, 和目标量子比特, 记为 t. 量子受控非门

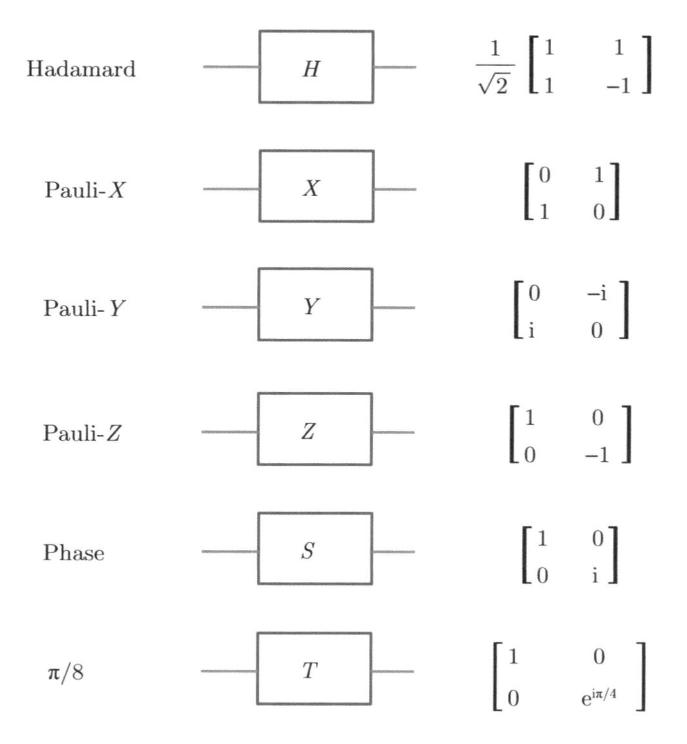

图2.2　常见单量子比特门的名称、符号和相应的酉矩阵表示

执行以下过程：

$$|c\rangle|t\rangle \mapsto |c\rangle|c\oplus t\rangle$$

其量子电路可见图 2.3(a). 而对于一般的受控 U 操作, 则执行以下过程：

$$|c\rangle|t\rangle \mapsto |c\rangle U^c|t\rangle$$

其量子电路可见图 2.3(b).

受控门中, 也可以有多个控制比特. 例如, 知名的 Toffoli 门有两个控制比特, 实现以下操作：

$$|c_1\rangle|c_2\rangle|t\rangle \mapsto |c_1\rangle|c_2\rangle|c_1c_2\oplus t\rangle$$

即当控制量子比特均为 $|1\rangle$ 时, 才执行 X 操作. 量子 Toffoli 门电路可见图 2.4(a). 而

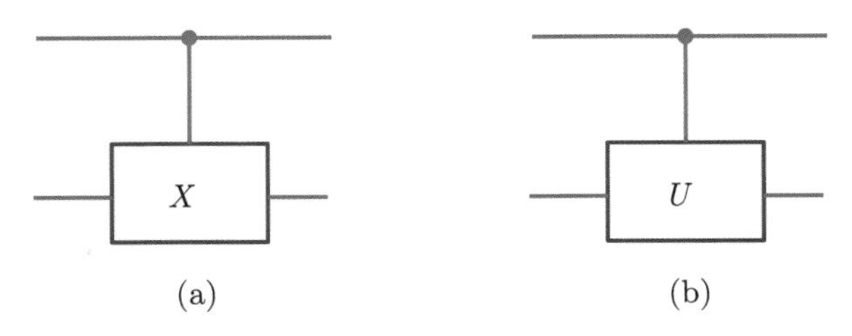

图2.3 单量子比特受控门
(a) 量子CNOT门. 当控制量子比特为$|1\rangle$态时，才对目标量子比特执行X操作，否则不执行任何操作；(b) 对任意单量子比特执行酉操作U的量子受控U门，即只有当控制量子比特为$|1\rangle$态时，才对目标执行U操作.

对于多量子比特一般受控 U 操作, 则执行以下过程：

$$|c_1\rangle|c_2\rangle\cdots|c_n\rangle|t\rangle \mapsto |c_1\rangle|c_2\rangle\cdots|c_n\rangle U^{c_1c_2\cdots c_n}|t\rangle$$

也就是说, 只有当所有控制量子比特均处于量子态 $|1\rangle$ 时, 才对目标量子比特执行 U 操作. 多量子比特控制一般 U 操作的量子电路可见图 2.4(b). 当 U 为 X 时, 该操作称为扩展的受控非门 (generalized controlled NOT gate), 并在下一章介绍的量子关联规则挖掘算法中发挥重要作用.

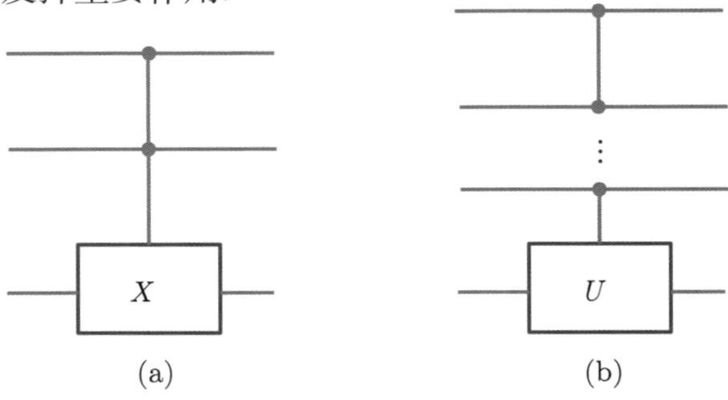

图2.4 多量子比特受控门
(a) 量子Toffoli门；(b) 多量子比特受控U门.

2.2.3 通用量子门

在经典计算机中, 任意的计算过程可以分解为一些简单的门 (例如, AND, OR, NOT) 操作. 类似地, 量子计算机上任意的量子电路可以分解为一系列简单量子门的连续操作, 这些简单门称为通用量子门 (universal quantum gates). 例如, 一组常见的通用量子门包含 Hadamard 门、相位门 (Phase gate)、$\pi/8$ 门和 CNOT 门. 另一组常见的通用量子门包括 Hadamard 门、相位门、CNOT 门和 Toffoli 门. 一个量子算法的复杂度往往通过计算它整个电路分解后的简单通用量子门的数目来估计.

2.3 基础量子算法

本节介绍几种重要的基础量子算法, 这些算法在后面所介绍的量子数据挖掘算法中扮演重要角色.

2.3.1 哈密顿量模拟

哈密顿量模拟 (量子模拟) 由 Feynman 于 1982 年首次提出 [9], 其目标是设计能够有效模拟量子系统演化的量子算法. 给定一个封闭系统的哈密顿量 $H(t)$, 该系统将按照薛定谔方程 [10]

$$\mathrm{i}\hat{h}\frac{\mathrm{d}\left|\psi(t)\right\rangle}{\mathrm{d}t} = H(t)\left|\psi(t)\right\rangle \tag{2.5}$$

进行演化, 其中 $\hat{h}$ 是普朗克常量, 且可以包含到 H 中. 当 $H(t)$ 与时间 t 无关, 即 $H(t) = H$ 时, 该系统任意时刻 t 的量子态为

$$\left|\psi(t)\right\rangle = \mathrm{e}^{-\mathrm{i}Ht}\left|\psi(0)\right\rangle \tag{2.6}$$

量子模拟假设系统哈密顿量 $H(t) = H$ 恒定, 在给定误差 ε 的情况下, 其目标是构建近似 $\mathrm{e}^{-\mathrm{i}Ht}$ 的量子电路 U, 使得

$$\left\|\mathrm{e}^{-\mathrm{i}Ht} - U\right\| \leqslant \varepsilon \tag{2.7}$$

因此, 在给定初始量子态 $|\psi(0)\rangle$ 后, 该电路能够以误差 ε 获得任意时刻 t 的量子态 $|\psi(t)\rangle$.

自 1982 年 Feynman 提出哈密顿量模拟概念以来, 人们在很长时间内并没有提出相应的量子算法. 直至 1996 年, Seth Lloyd 首次提出量子模拟算法 [12]. 该算法假设哈密顿量 H 可以写成 L 个局域哈密顿量之和, 即

$$H = H_1 + H_2 + \cdots + H_L \tag{2.8}$$

其中 $H_1, H_2, \cdots, H_L$ 是只作用在少数几个 $(O(1))$ 量子比特上的局域哈密顿量, 因此很容易模拟它们. 利用 1 阶 Trotter 公式 [10], 将演化时间 t 分成 n 段, 可有

$$\left\|\mathrm{e}^{-\mathrm{i}Ht} - (\mathrm{e}^{-\mathrm{i}H_1 t/n} \cdots \mathrm{e}^{-\mathrm{i}H_L t/n})^n\right\| \leqslant \frac{t^2}{n} \tag{2.9}$$

为了使得最终误差小于 ε, 取 $n = O(t^2/\varepsilon)$. 因此, 算法总的复杂度为 $O(nL) = O(t^2 L/\varepsilon)$, 这里假设对任意 $l = 1, \cdots, L$ 实现 $\mathrm{e}^{-\mathrm{i}H_l t/n}$ 的复杂度为 $O(1)$..

截至目前, 人们已经提出了许多量子哈密顿量算法, 包括稀疏哈密顿量模拟 [13-17] 和非稀疏哈密顿量模拟 [19,61]. 总的来说, 这些算法主要基于三种技术 [18]: 乘积公式 (product formula)、泰勒级数展开 (Taylor series expansion) 和量子信号处理 (quantum signal processing). 三种方式的量子模拟算法均基于 H 如下的线性展开:

$$H = \sum_{l=1}^{L} \alpha_l H_l \tag{2.10}$$

其中 $0 \leqslant \alpha_l \leqslant 1$, 且 H_l 为较容易模拟的哈密顿量 (如局域哈密顿量) 或者容易实现的酉操作.

1. 基于乘积公式的量子模拟.

该种方法利用 Suzuki-Trotter 公式去近似 $\mathrm{e}^{-\mathrm{i}Ht}$, 其中 1 阶近似如下:

$$\left\|\mathrm{e}^{-\mathrm{i}Ht} - (\mathrm{e}^{-\mathrm{i}\alpha_1 H_1 t/n} \cdots \mathrm{e}^{-\mathrm{i}\alpha_L H_L t/n})^n\right\| \leqslant \frac{Lt^2}{n} \exp\left(\frac{L|t|}{n}\right) \tag{2.11}$$

为了使得最终误差小于 ε, 取 $n = \arg\min_n \left\{\frac{Lt^2}{n} \exp\left(\frac{L|t|}{n}\right) \leqslant \varepsilon\right\}$. 因此 Lloyd 的量

子模拟算法 [12] 可以看作该方法的一个特例. 此外, 该方法还可以扩展到 $2k$ 阶近似 [14].

2. 基于泰勒级数展开的量子模拟.

Berry 等人提出基于泰勒级数展开的量子哈密顿量模拟算法 [16]. 该算法将 $\mathrm{e}^{-\mathrm{i}Ht}$ 进行泰勒展开, 截断至 K 阶并获得酉矩阵的线性组合:

$$\begin{aligned}
\mathrm{e}^{-\mathrm{i}Ht} &= \sum_{k=0}^{\infty} \frac{(-\mathrm{i}Ht)^k}{k!} \approx \sum_{k=0}^{K} \frac{(-\mathrm{i}Ht)^k}{k!} \\
&= \sum_{k=0}^{K} \sum_{l_1,\cdots,l_k=1}^{L} \frac{t^k}{k!} \alpha_{l_1} \cdots \alpha_{l_k} (-1)^k H_{l_1} \cdots H_{l_k} \\
&= \sum_{j=0}^{\varUpsilon-1} \beta_j V_j
\end{aligned}$$

其中 $\varUpsilon = \sum\limits_{k=0}^{K} L^k$, β_j 和 V_j 分别是上式中的系数和对应的酉操作. 给定两个酉操作

$$B|0\rangle = \frac{1}{\sqrt{s}} \sum_{j=0}^{\varUpsilon-1} \sqrt{\beta_j}\,|j\rangle \tag{2.12}$$

和

$$\mathrm{select}(V) = \sum_{j=0}^{\varUpsilon-1} |j\rangle\langle j| \otimes V_j \tag{2.13}$$

其中 select(V) 可以被高效地实现 [65]. 该实现过程通过利用这两个酉操作执行

$$(B^{\dagger}\langle 0|I)\mathrm{select}(V)(B|0\rangle \otimes I) = \frac{1}{s} \sum_{j=0}^{\varUpsilon-1} |j\rangle\langle j| \otimes V_j \tag{2.14}$$

并利用不经意幅度放大 (oblivious amplitude amplification) 放大 $\dfrac{1}{s}$, 最后实现对 $\mathrm{e}^{-\mathrm{i}Ht}$ 的近似. 该过程总的复杂度为 $O[\tau\log(\tau/\varepsilon)/\log\log(\tau/\varepsilon)]$, 其中 $\tau = d^2\|H\|_{\max}t$, d 是 H 的稀疏度 (每行最多非零元素个数), 且 $\|H\|_{\max}$ 是 H 元素绝对值的最大值.

3. 基于量子信号处理的量子模拟.

2017 年, Low 和 Chuang 提出一个基于量子信号处理的量子哈密顿量模拟算法 [17]. 令 H 的特征值和对应的特征向量分别为 λ 和 $|\lambda\rangle$, 即 $H=\sum_\lambda \lambda|\lambda\rangle\langle\lambda|$. 该算法假设给定能够访问 H 中任意元素和非零元素的两个量子黑盒 [17], 并利用它们构建一个等距映射 T[15], 以及进一步构建量子漫步 (quantum walk) 酉操作 $W=\mathrm{i}S(2TT^\dagger-I)$, 其中 S 是 SWAP 操作 [10]. W 的特征值和对应的特征向量分别为 $\mathrm{e}^{\theta_{\lambda\pm}}$ 和 $|\pm\lambda\rangle=(|+\lambda\rangle+|-\lambda\rangle)/\sqrt{2}$, 其中

$$\theta_{\lambda\pm}=\pm\arcsin\left(\frac{\lambda}{\|H\|_{\max}d}\right)+(1\pm 1)\pi/2 \tag{2.15}$$

等距映射 T 将实现

$$T:|\lambda\rangle\mapsto|\pm\lambda\rangle \tag{2.16}$$

该算法首先利用量子信号处理技术实现如下映射:

$$W=\sum_\lambda \mathrm{e}^{\theta_{\lambda\pm}}|\pm\lambda\rangle\langle\pm\lambda|\mapsto V=\sum_\lambda \mathrm{e}^{-\mathrm{i}\lambda t}|\pm\lambda\rangle\langle\pm\lambda| \tag{2.17}$$

然后利用等距映射 T 的逆操作 $T^\dagger$ 实现 $|\pm\lambda\rangle\mapsto|\lambda\rangle$, 从而实现 $\mathrm{e}^{-\mathrm{i}Ht}=\sum_\lambda \mathrm{e}^{-\mathrm{i}\lambda t}|\lambda\rangle\langle\lambda|$ 酉操作, 完成了对哈密顿量 H 的模拟. 该算法的复杂度为

$$O[td\|H\|_{\max}+\log(1/\varepsilon)/\log\log(1/\varepsilon)]$$

且在所有参数上均达到最优.

2.3.2 量子傅里叶变换

傅里叶变换是计算机科学和工程中一个非常重要的线性变换. 其离散版本, 即离散傅里叶变换是一个线性酉变换, 将一个 N 维向量 $(x_1,\cdots,x_N)$ 线性变换到另一个相同维向量 $(y_1,\cdots,y_N)$, 其中

$$y_k \equiv \frac{1}{\sqrt{N}}\sum_{j=0}^{N-1} x_j \mathrm{e}^{2\pi \mathrm{i} jk/N} \tag{2.18}$$

量子傅里叶变换与经典傅里叶变换实现同样的映射, 只是量子傅里叶变换的作用对象为量子态. 任意一个 N 维量子态 $\sum_{j=0}^{N-1} x_j |j\rangle$ 经过量子傅里叶变换得到另一个量子态 $\sum_{k=0}^{N-1} y_k |k\rangle$, 即

$$\sum_{j=0}^{N-1} x_j |j\rangle \mapsto \sum_{k=0}^{N-1} y_k |k\rangle \tag{2.19}$$

其中向量 $(y_1,\cdots,y_N)$ 是向量 $(x_1,\cdots,x_N)$ 经过离散傅里叶变换之后的结果, 即等式 (2.18). 实际上, 该过程等价于对计算基量子态 $|0\rangle,\cdots,|N-1\rangle$ 中任意一个态 $|j\rangle$ 实现以下映射 [10]：

$$\begin{aligned} |j\rangle &\mapsto \frac{1}{\sqrt{N}}\sum_{k=0}^{N-1} \mathrm{e}^{2\pi \mathrm{i} jk/N} |k\rangle \\ &= \frac{(|0\rangle + \mathrm{e}^{2\pi i 0.j_n})(|0\rangle + \mathrm{e}^{2\pi \mathrm{i} 0.j_{n-1}j_n})\cdots(|0\rangle + \mathrm{e}^{2\pi \mathrm{i} 0.j_1\cdots j_n})}{\sqrt{N}} \end{aligned} \tag{2.20}$$

其中 $j = j_1 j_2 \cdots j_n$ 是 j 的二进制表示, $0.j_1 j_2 \cdots j_m = j_1/2 + j_2/2^2 + \cdots + j_m/2^m$ 是小数的二进制表示.

量子傅里叶变换的电路见图 2.5, 其中

$$R_k \equiv \begin{bmatrix} 1 & 0 \\ 0 & \mathrm{e}^{2\pi \mathrm{i}/2^k} \end{bmatrix}$$

从图中可以看出, 量子傅里叶变换的时间复杂度为 $O(n^2)$[10], 而经典离散傅里叶变换的时间复杂度为 $O(n2^n)$. 因此, 量子傅里叶变换相对经典离散傅里叶变换具有指数加速效果. 量子傅里叶变换在量子算法中扮演了重要的角色, 下一小节的量子相位估计算法就是一个很好的例子.

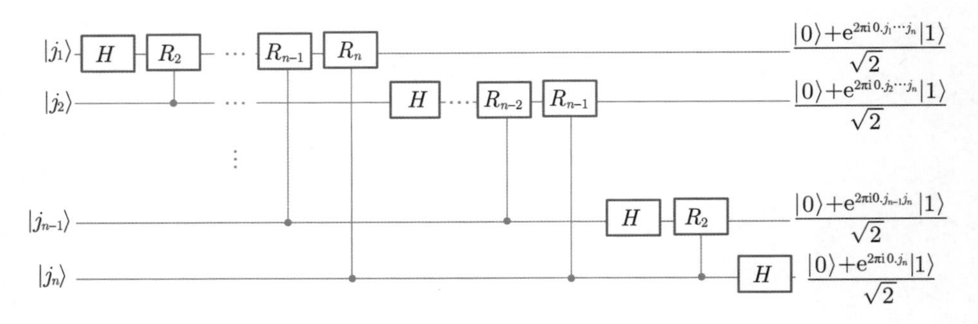

图2.5　量子傅里叶变换电路[10]

该电路可以由式 (2.20) 推导出.

2.3.3　相位估计

给定一个大小为 $K\times K$ 的酉操作 $U=\sum_{k=1}^{K}e^{2\pi i\theta_k}|u_k\rangle\langle u_k|$, 其中 $e^{2\pi i\theta_k}$ 和 $|u_k\rangle$ 分别是特征值和对应的特征向量. 在假设给定量子态 $|u_k\rangle$, 以及对任意非负整数 j 实现 U^{2^j} 的量子黑盒的条件下, 相位估计的目标是估计某个给定的特征态 $|u_k\rangle$ 所对应的相位 θ_k. 相位估计量子算法的整个过程可由以下步骤描述, 且相应的量子电路见图 2.6.

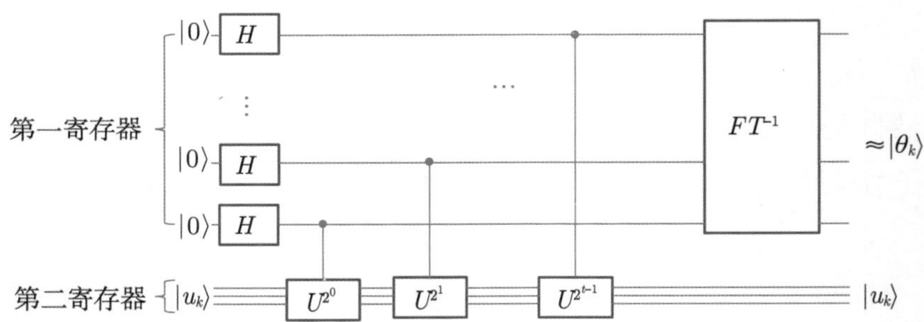

图2.6　量子相位估计算法电路

FT^{-1}是量子傅里叶变换的逆变换[10].

(1) 利用给定的量子黑盒制备两个量子寄存器, 其状态处于 $|0\rangle^{\otimes t}|u_k\rangle$, 其中 t 代表估计 θ_k 的精度为 t 比特;

(2) 对第一寄存器的每个量子比特执行 Hadamard 操作 H;

(3) 对第一寄存器的第 j 个量子比特和第二寄存器 $|u_k\rangle$ 执行受控 $U^{2^{j-1}}(j=$

$1,\cdots,t)$;

(4) 对第一寄存器执行量子傅里叶逆变换.

执行上述步骤后, 第二寄存器量子态仍然为 $|u_k\rangle$, 第一寄存器将是一个叠加态, 其中某个存储了 θ_k 估计值的叠加项的概率幅较大 (接近于 1). 为了以 $1-\delta$ 的概率估计 θ_k 至 n 比特精度, 即误差为 $\epsilon=1/2^n$, t 应该取

$$t=n+\left\lceil\log\left(2+\frac{1}{\delta}\right)\right\rceil$$

因此, 整个相位估计的复杂度为 $O(1/\varepsilon)$[10].

当第二寄存器的初始态不是 $|u_k\rangle$, 而是某个叠加态 $\sum_k c_k|u_k\rangle$ 时, 经过相位估计, 将以叠加的形式获得量子态 $\approx c_k|\theta_k\rangle|u_k\rangle$. 相位估计量子算法在本书所介绍的量子数据挖掘算法及其他知名量子算法中均扮演重要角色.

2.3.4 幅度放大

给定一个 N 维希尔伯特空间 $\mathcal{H}$, 其标准计算基记为 $\{|k\rangle\}_{k=0}^{N-1}$. 另外, 给定一个布尔函数

$$\chi:\{0,1,\cdots,N-1\}\mapsto\{0,1\} \tag{2.21}$$

该函数表示 $\{|k\rangle\}_{k=0}^{N-1}$ 中某些项 $|k\rangle$ 满足某个条件 ($\chi(k)=1$), 而其他项不满足该条件 ($\chi(k)=0$). 因此, 该函数将原空间划分为两个正交的子空间 $\mathcal{H}_0$ 和 $\mathcal{H}_1$, 其中

$$\mathcal{H}_0=\{|k\rangle|\chi(k)=0,k=0,\cdots,N-1\} \tag{2.22}$$

$$\mathcal{H}_1=\{|k\rangle|\chi(k)=1,k=0,\cdots,N-1\} \tag{2.23}$$

给定一个酉操作 U_ψ, 产生空间 $\mathcal{H}$ 中的一个初始态

$$\begin{aligned}|\psi\rangle=U_\psi|0\rangle&=\sum_{k=0}^{N-1}c_k|k\rangle\\&=\sin\theta|\psi_1\rangle+\cos\theta|\psi_0\rangle\end{aligned} \tag{2.24}$$

这里 $|\psi_0\rangle$ 和 $|\psi_1\rangle$ 分别表示初始态 $|\psi\rangle$ 映射到子空间 $\mathcal{H}_0$ 和 $\mathcal{H}_1$ 之后的单位量子态, 且 $\sin^2\theta = \sum_{\chi(k)=1} |c_k|^2$, $\cos^2\theta = \sum_{\chi(k)=0} |c_k|^2$. 现在的任务是在给定初始态 $|\psi\rangle$ 的条件下如何获得某个满足 $\chi(k)$ 的 $|k\rangle$, 即空间 $\mathcal{H}_1$ 中某个计算基态. 很显然, 直接对该初始态测量, 将以概率 $P = \sin^2\theta$ 获得这样的 $|k\rangle$; 这意味着需要测量 $O(1/P) = O(1/\sin^2\theta)$ 次才能以 $O(1)$ 的概率获得这样的 $|k\rangle$.

为了实现上述任务, 幅度放大通过重复执行一系列酉操作将初态 $|\psi\rangle$ 演化到 $|\psi_1\rangle$. 演化之后, 测量该量子态将随机获得满足 $\chi(k) = 1$ 的某个计算基态 $|k\rangle$. 假设给定一个与布尔函数 χ 对应的量子黑盒

$$R_\chi : \begin{cases} |k\rangle \mapsto |k\rangle, & \chi(k) = 0 \\ |k\rangle \mapsto -|k\rangle, & \chi(k) = 1 \end{cases} \tag{2.25}$$

即 $R_\chi = \sum_{k=0}^{N-1} (-1)^{\chi(k)} |k\rangle\langle k|$. 定义酉操作

$$\begin{aligned} Q &= -(I - |\psi\rangle\langle\psi|)R_\chi \\ &= -U_\psi R_0 U_\psi^\dagger R_\chi \end{aligned} \tag{2.26}$$

其中 $R_0 = I - 2|0\rangle\langle 0|$. 酉操作 Q 在 $\{|\psi_0\rangle, |\psi_1\rangle\}$ 张成的二维空间的矩阵形式为

$$Q = \begin{pmatrix} \cos(2\theta) & \sin(2\theta) \\ -\sin(2\theta) & \cos(2\theta) \end{pmatrix} \tag{2.27}$$

对初态 $|\psi\rangle$ 执行 m 次 Q 操作之后将得到量子态

$$Q^m |\psi\rangle = \sin((2m+1)\theta)|\psi_1\rangle + \cos((2m+1)\theta)|\psi_0\rangle \tag{2.28}$$

因此取迭代次数 $m = \left\lfloor \frac{\pi}{4\theta} \right\rfloor$ 时, $\sin((2m+1)\theta) \approx 1$, 即将以较大幅度达到量子态 $|\psi_1\rangle$.

当 $\sin\theta$ 较小时, $\sin\theta \approx \theta$, 即

$$m = \left\lfloor \frac{\pi}{4\theta} \right\rfloor \approx O\left(\frac{1}{\sin\theta}\right) \tag{2.29}$$

因此相比上述经典的 $O\left(\frac{1}{\sin^2\theta}\right)$ 次测量, 幅度放大具有平方加速效果. 幅度估计整个过程的量子电路可见图 2.7.

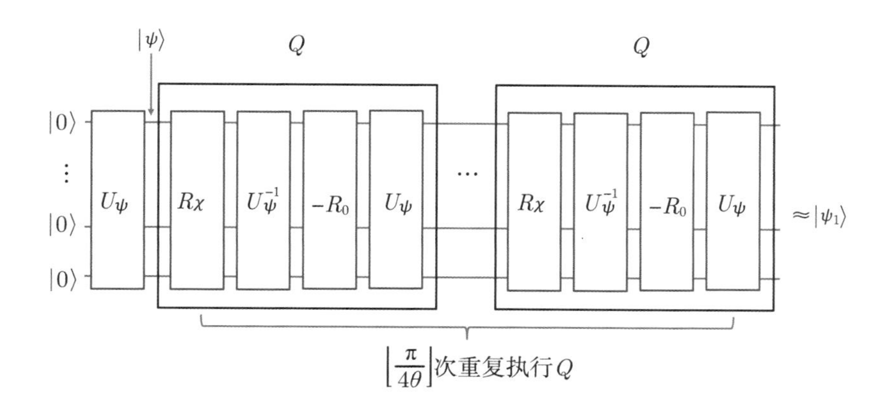

图2.7 量子幅度放大电路

值得注意的是, 著名的 Grover 量子搜索算法 [10,21] 是幅度放大同时满足下面两个条件的特例:

(1) $|\psi\rangle = \sum_{k=0}^{N-1} \frac{|k\rangle}{\sqrt{N}}$;

(2) $\{0, 1, \cdots, N-1\}$ 中只有一个元素 k 满足 $\chi(k) = 1$, 即 $\sin^2\theta = 1/N$.

2.3.5 量子交换测试

量子交换测试 (quantum swap test) 是一种常用于估计两个量子态 ρ_1 和 ρ_2 重叠程度 $\mathrm{Tr}(\rho_1\rho_2)$ 的量子算法, 其电路可见图 2.8. 特别地, 当这两个态为两个纯态 $|\psi_1\rangle$ 和 $|\psi_2\rangle$, 即 $\rho_1 = |\psi_1\rangle\langle\psi_1|$ 和 $\rho_2 = |\psi_2\rangle\langle\psi_2|$ 时, 该电路能够用于估计它们的内积模的平方, 即 $\mathrm{Tr}(\rho_1\rho_2) = |\langle\psi_1|\psi_2\rangle|^2$. 对于 N 维的 $|\psi_1\rangle$ 和 $|\psi_2\rangle$, 执行电路 $O(1/\varepsilon^2)$ 次可估计 $|\langle\psi_1|\psi_2\rangle|^2$ 至误差 ε[23,57,73]. 由于 SWAP 操作需要 $O(\log(N))$ 个双量子比特

CNOT 操作, 从图 2.8 中可看出每次量子交换测试的时间复杂度为 $O(\log(N))$, 所以估计 $|\langle\psi_1|\psi_2\rangle|^2$ 至误差 ε 的总的时间复杂度为 $O(\log(N)/\varepsilon^2)$. 然而, 经典计算机计算 $|\langle\psi_1|\psi_2\rangle|^2$ 的时间复杂度显然为 $O(N)$, 因此该量子算法在允许 $1/\varepsilon=O(\text{polylog}(N))$ 的条件下相对经典算法具有指数加速优势.

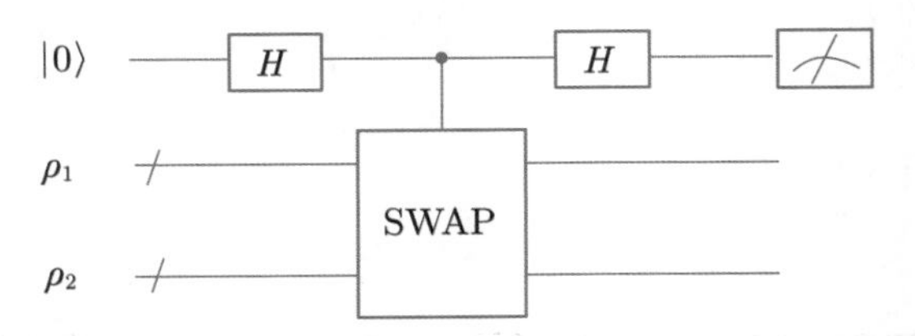

图2.8 估计两个量子态ρ_1和ρ_2重叠程度$\text{Tr}(\rho_1\rho_2)$的交换测试量子线路

SWAP表示SWAP酉操作，可由一系列基本的单量子门或双量子门来实现[10]. 通过测量顶部辅助量子比特获得测量结果 $|0\rangle$ 的成功概率为 $\dfrac{1+\text{Tr}(\rho_1\rho_2)}{2}$. 重复运行该电路足够多次数可得到$\text{Tr}(\rho_1\rho_2)$的估计值.

第 3 章

量子关联规则挖掘算法

本章将介绍量子关联规则挖掘算法，该算法可求解大数据挖掘中十分重要的问题之一——关联规则挖掘 [2]．给定一个记录着大量交易 (transaction) 和商品 (item, 亦称为项) 的交易数据库，关联规则挖掘的任务在于寻找不同项集 (itemset) 之间的内在关系．具体地，设 A 和 B 表示两种不同的项集，如果消费者购买 A 中所有商品，同时也购买 B 中所有商品，那么称 A 和 B 存在某种条件依赖关系 $A \Rightarrow B$．关联规则挖掘的核心任务在于从众多候选项集 (candidate itemsets) 中找出支持度 (出现频率) 不小于预定阈值的项集——频繁项集．基于著名的经典关联规则挖掘算法——Apriori 算法 [66]，本章将介绍一种实现该核心任务的量子关联规则挖掘算法．具体来说，在给定访问交易数据库的量子黑盒的条件下，该算法首先利用量子并行幅度估计 (Quantum Parallel Amplitude Estimation) 算法以量子并行方式估计所有候选 k 项集的支持度，并将其存储于一个量子叠加态中．接下来，使用量子幅度放大算法，从该叠加量子态中搜索出那些不小于预定阈值的候选 k 项集，即频繁 k 项集．通过分析量子黑盒查询复杂度,发现相比于基于经典采样的 Apriori 方法,量子关联规则挖掘算法在保持其他参数不变的情况下至少在估计误差这一参数上具有平方加速优势.

本章的内容安排:3.1 节简要回顾经典关联规则挖掘的概念、表示记号,以及经典 Apriori 算法流程;3.2 节介绍量子关联规则挖掘算法的细节及其复杂度分析;最后将给出相关讨论和小结.

3.1 经典关联规则挖掘回顾

本节简要回顾一些关联规则挖掘的基本概念,以及经典 Apriori 算法流程,更详细的介绍可见文献 [2].

关联规则挖掘问题处理的对象是一个交易数据库. 一个含有 N 个交易的交易数据库可以记为交易集 $\mathcal{T}=\{T_0,T_1,\cdots,T_{N-1}\}$,每项交易是所有 M 个项构成的项集 $\mathcal{I}=\{I_0,I_1,\cdots,I_{M-1}\}$ 的子集,即 $T_i\subseteq\mathcal{I}$. 因此,这个交易数据库可以表示为一个 $N\times M$ 的二值矩阵,记为 D,其中的元素 $D_{ij}=1$ 表示项 I_j 包含于交易 T_i 中,否则元素 $D_{ij}=0$. 图 3.1 给出了一个简单的实例.

交易	项(商品)
T_0	面包、奶酪、牛奶
T_1	面包、黄油
T_2	奶酪、牛奶
T_3	面包、奶酪
T_4	奶酪、黄油、牛奶

$$\begin{pmatrix}1&1&0&1\\1&0&1&0\\0&1&0&1\\1&1&0&0\\0&1&1&1\end{pmatrix}$$

图3.1 一个含有5个交易 $\mathcal{T}=\{T_0,T_1,T_2,T_3,T_4\}$和4个项(商品)$\mathcal{I}=\{I_0=$面包$,I_1=$奶酪$,I_2=$黄油$,I_3=$牛奶$\}$的交易数据库例子,以及对应的二进制矩阵表示

若干项组成的一个集合被称作一个项集. 一个项集 X 的支持度被定义为包含

X 中所有项的交易在所有交易中所占的比例, 即

$$\text{supp}(X) = \frac{|\{T_i|X \subseteq T_i\}|}{N}$$

一个关联规则是一个蕴含式 $A \Rightarrow B$, 其中 A 和 B 是两个项集. 该关联规则的支持度定义为

$$\text{supp}(A \Rightarrow B) = \text{supp}(A \cup B)$$

其可信度被定义为

$$\text{conf}(A \Rightarrow B) = \frac{\text{supp}(A \cup B)}{\text{supp}(A)}$$

一个规则被称作频繁的当且仅当其支持度不小于提前给定的阈值 min_supp, 而被称为可信的当且仅当其可信度不小于提前给定的阈值 min_conf. 关联规则挖掘的最终目标任务在于找到既频繁又可信的规则 $A \Rightarrow B$, 其算法流程可以被分为两个阶段 [2]:

(1) 根据判断条件 $\text{supp}(X) \geqslant \text{min\_supp}$ 挖掘所有的频繁项集 X;

(2) 在阶段 (1) 的基础上寻找所有的可信规则 $A \Rightarrow B$, 使得 $A \cup B = X$.

根据文献 [2] 可知, 阶段 (2) 的计算复杂度要远小于阶段 (1) 的, 因此关联规则挖掘的核心复杂度在于阶段 (1), 即挖掘频繁项集. 在经典的方案中, 有很多挖掘频繁项集的相关算法 [2], 其中最著名的算法是 Apriori 算法 [2,66]. 该算法指出一个重要的频繁项集挖掘特性: 一个频繁项集的非空子集一定是频繁项. 利用该特性, Apriori 算法用逐级搜索的迭代方法挖掘所有频繁项集, 其整体过程可见图 3.2. 在第 k 迭代中, 将执行以下两个过程:

(P1) 对于所有候选 k 项集构成的集合 $\mathcal{C}^{(k)}$(当 $k=1$ 时为 $\mathcal{I}$), 遍历数据库中的每一个交易, 并统计出 $\mathcal{C}^{(k)}$ 中每个元素 (即每个候选 k 项集) 的支持度, 从而找出所有频繁 k 项集, 记为集合 $\mathcal{F}^{(k)}$. 这个过程可以看作执行一个从候选项集中寻找频繁项集的函数 fre_exam, 也就是说 $\mathcal{F}^{(k)} = \text{fre\_exam}(\mathcal{C}^{(k)})$.

(P2) 从 $\mathcal{F}^{(k)}$ 中生成候选 $k+1$ 项集 $\mathcal{C}^{(k+1)}$. 这个过程又可以被分为两个子步骤: 关联 (join) 和剪枝 (prune). 整个过程可以被表示为执行函数 cand_gen, 即

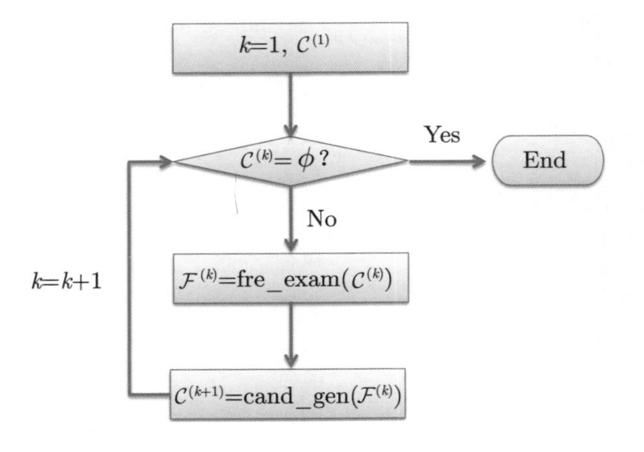

图3.2 Apriori算法整个过程的流程图

$\mathcal{C}^{(k+1)} = \text{cand\_gen}(\mathcal{F}^{(k)})$.

在实际过程中, 过程 (P1) 支配了整个算法的时间复杂度 [67]. 因此, 如何在每一步迭代中高效地执行过程 (P1), 即快速地从候选 k 项集中找到频繁 k 项集, 是降低整个算法复杂度的关键. 下一节为过程 (P1) 设计了相应的量子算法. 与经典 Apriori 算法相比, 该量子算法能够显著地降低时间复杂度.

3.2 量子算法

本节介绍从候选 k 项集中挖掘频繁 k 项集的量子算法, 该算法基于可以访问二元数据库 D 中每个元素的基础黑盒 O. 首先, 利用 O 构造可以识别一个交易是否包含任意一个 k 项集的黑盒 $O^{(k)}$. 接着, 以 $O^{(k)}$ 为基础, 进一步构造量子算法. 最后, 介绍量子关联规则挖掘算法的复杂度, 并将其与经典的对应算法进行对比, 评估量子关联规则挖掘算法的加速优势.

3.2.1 构建量子黑盒

假设提供一个基础黑盒 O, 该黑盒是一个作用在计算基上的酉操作,

$$O|i\rangle|j\rangle|a\rangle = |i\rangle|j\rangle|a\oplus D_{ij}\rangle \tag{3.1}$$

其中交易标签 i 取值于整数集合 $\mathbb{Z}_N$, 项目标签 j 取值于整数集合 $\mathbb{Z}_M$. 如同标准 Grover 算法那样, 可以通过取 $|a\rangle = \dfrac{|0\rangle-|1\rangle}{\sqrt{2}}$ 来构造新的黑盒 $O^{(1)}$. $O^{(1)}$ 作用在计算基上的效果为

$$O^{(1)}|i\rangle|j\rangle = (-1)^{D_{ij}}|i\rangle|j\rangle \tag{3.2}$$

该黑盒的作用效果为: 当交易 T_i 包含项 I_j, 即 $D_{ij}=1$ 时, 翻转量子态 $|i\rangle|j\rangle$ 的相位; 否则不做任何操作. 进一步地, O 可以被用来构造更复杂的黑盒 $O^{(k)}$. 通过 $O^{(k)}$, 可以判断一个交易是否含有 k 项集 $X=\{I_{j_l}|l=1,2,\cdots,k\}$:

$$O^{(k)}|i\rangle|j_1\rangle|j_2\rangle\cdots|j_k\rangle = (-1)^{\tau(i,X)}|i\rangle|j_1\rangle|j_2\rangle\cdots|j_k\rangle \tag{3.3}$$

其中布尔值 $\tau(i,X)=\prod_{l=1}^{k} D_{ij_l}$ 反映了交易 T_i 是否包含 X, 即 $X\subseteq T_i$ 是否成立; 成立则返回 1, 否则返回 0. 也就是说, 经过 $O^{(k)}$ 的操作, 满足条件 $X\subseteq T_i$ (即 $\tau(i,X)=1$) 对应的量子态 $|i\rangle|j_1\rangle|j_2\rangle\cdots|j_k\rangle$ 的相位将会被翻转; 否则相位不变. 若想构造 $O^{(k)}$, 不仅需要基础黑盒 O, 还需要扩展的量子 CNOT 操作 $\bigwedge_k(\sigma_x)$, 其中 σ_x 是 Pauli X 算子 [10], 亦称为量子 NOT 门. 推广的 CNOT 操作由 $\Theta(k)$[10] 个基本门 (包括单量子比特门和两量子比特门) 组成 [68]. 具体地, 扩展的量子 CNOT 门可以实现如下操作:

$$|x_1\rangle|x_2\rangle\cdots|x_k\rangle|y\rangle \mapsto |x_1\rangle|x_2\rangle\cdots|x_k\rangle\left|y\oplus\prod_{i=1}^{k}x_i\right\rangle \tag{3.4}$$

具体的构造细节参见图 3.3 给出的量子电路. 构造 $O^{(k)}$ 的具体过程分为如下 4 步:

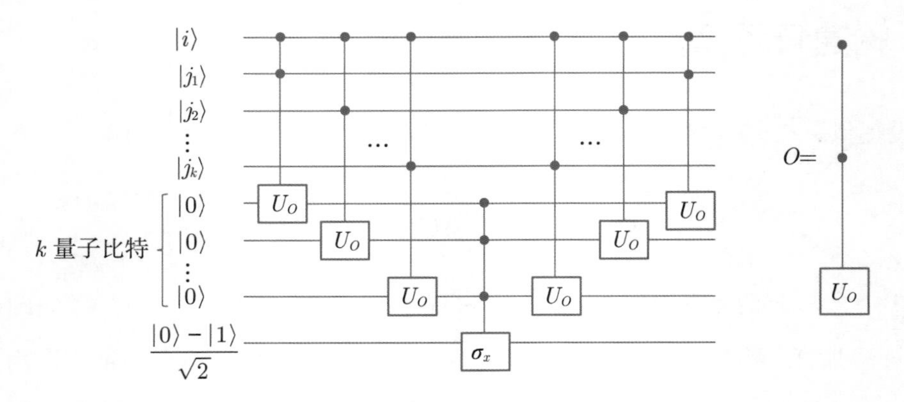

图3.3　构建量子黑盒示意图

左边是利用基础黑盒O和扩展的量子CNOT操作$\wedge_k(\sigma_x)$构建黑盒$O^{(k)}$的量子电路. 右侧是基础黑盒O的电路表示.

(1) 准备 4 个量子寄存器, 其初始量子态为

$$|i\rangle(|j_1\rangle|j_2\rangle\cdots|j_k\rangle)(\overbrace{|0\rangle|0\rangle\cdots|0\rangle}^{k\text{个}})\frac{|0\rangle-|1\rangle}{\sqrt{2}}$$

(2) 在初始量子态上执行操作 $O_kO_{k-1}\cdots O_1$ 后, 得到量子态

$$|i\rangle|j_1\rangle|j_2\rangle\cdots|j_k\rangle|D_{ij_1}\rangle|D_{ij_2}\rangle\cdots|D_{ij_k}\rangle\frac{|0\rangle-|1\rangle}{\sqrt{2}}$$

其中操作算子 O_l 是作用在 $|i\rangle$, $|j_l\rangle$ 和第 l 个 $|0\rangle$ 上的基础黑盒 O;

(3) 在最后 $k+1$ 个量子比特上执行操作 $\bigwedge_k(\sigma_x)$, 得到量子态

$$(-1)^{\prod_{l=1}^{k}D_{ij_l}}|i\rangle|j_l\rangle|j_2\rangle\cdots|j_k\rangle|D_{ij_1}\rangle|D_{ij_2}\rangle\cdots|D_{ij_k}\rangle\frac{|0\rangle-|1\rangle}{\sqrt{2}}$$

(4) 执行步骤 (2) 的逆操作, 丢弃最后 $k+1$ 个量子比特, 最终得到如式 (3.3)所示的量子黑盒 $O^{(k)}$.

从上述过程容易看出, 构造 $O^{(k)}$ 需要 $2k$ 个基础黑盒 O 和 $\Theta(k)$ 个基本单量子比特门和两量子比特门.

3.2.2 算法设计

基于所构建的黑盒 $O^{(k)}$, 现在开始介绍量子关联规则挖掘算法, 完成从 $\mathcal{C}^{(k)}$ 中挖掘 $\mathcal{F}^{(k)}$ 的任务. 概括来说, 首先, 使用量子并行幅度估计并行地估计 $\mathcal{C}^{(k)}$ 中所有候选 k 项集的支持度. 接着, 利用幅度放大算法对所有的候选 k 项集进行搜索, 找出所有支持度不小于 min_supp 的候选 k 项集来生成频繁 k 项集集合 $\mathcal{F}^{(k)}$. 在此, 假设 $\mathcal{C}^{(k)}$ 含有 $M_{\mathrm{c}}^{(k)}$ 个元素, $\mathcal{C}^{(k)}=\{C_j^{(k)}|j=1,2,\cdots,M_{\mathrm{c}}^{(k)}\}$, 其中 $C_j^{(k)}=\{I_{c_{jl}^{(k)}}|l=1,2,\cdots,k,c_{jl}^{(k)}\in\mathbb{Z}_M\}$, $\mathcal{F}^{(k)}$ 拥有 $M_{\mathrm{f}}^{(k)}$ 个元素, 并且 $\mathcal{F}^{(k)}\subseteq\mathcal{C}^{(k)}$. 要想从 $\mathcal{C}^{(k)}$ 中挖掘频繁 k 项集, 首先需要获得 $\mathcal{C}^{(k)}$ 中所有候选 k 项集 $C_j^{(k)}$ 的支持度. 这里将 $C_j^{(k)}$ 的支持度记为 $s_j^{(k)}$. 对于一个候选 k 项集, 在量子计算机上估计它的支持度 $s_j^{(k)}$ 的最直观的方法就是幅度估计 [22].

现在给出如何应用量子幅度估计算法来估计支持度 $s_j^{(k)}$ 的详细过程. 为了达成目标, 需要一个相关的黑盒 $O_j^{(k)}$ 作用在计算基上以实现

$$O_j^{(k)}|i\rangle=(-1)^{\tau(i,C_j^{(k)})}|i\rangle \tag{3.5}$$

同时对应的 Grover 算子 (Grover operator) 可以表示为

$$G_j^{(k)}=(2|\mathcal{X}_N\rangle\langle\mathcal{X}_N|-\mathbb{I}_N)O_j^{(k)} \tag{3.6}$$

其中 $|\mathcal{X}_N\rangle:=\left(\sum_{i=0}^{N-1}|i\rangle\right)\Big/\sqrt{N}$, $\mathbb{I}_N$ 是 $N\times N$ 的单位矩阵. $G_j^{(k)}$ 有两个特征值 $\lambda_\pm=\mathrm{e}^{\pm 2\iota\theta_j^{(k)}}$ ($\iota=\sqrt{-1}$) 和两个对应的特征向量 $|\phi_{j\pm}^{(k)}\rangle$. 事实上, 支持度 $s_j^{(k)}$ 与 $G_j^{(k)}$ 对应的相位存在以下关系：

$$s_j^{(k)}=\sin^2\theta_j^{(k)} \tag{3.7}$$

如果将两个寄存器初始化为 $\left[\left(\sum_{t=0}^{T-1}|t\rangle\right)\Big/\sqrt{T}\right]|\mathcal{X}_N\rangle$, 并将算子 $G_j^{(k)}$ 作为 Grover 算子对初始量子态执行幅度估计 [22], 将得到量子态

$$|\varPhi_j^{(k)}\rangle = \frac{e^{\iota\theta_j^{(k)}}}{\sqrt{2}}\left|\mathcal{E}_T\left(\frac{\theta_j^{(k)}}{\pi}\right)\right\rangle|\phi_{j+}^{(k)}\rangle - \frac{e^{-\iota\theta_j^{(k)}}}{\sqrt{2}}\left|\mathcal{E}_T\left(1-\frac{\theta_j^{(k)}}{\pi}\right)\right\rangle|\phi_{j-}^{(k)}\rangle \tag{3.8}$$

这里忽略了全局相位, 并且当 $T\omega$ 是整数时, 有 $|\mathcal{E}_T(\omega)\rangle = |T\omega\rangle$ 成立. 否则

$$|\mathcal{E}_T(\omega)\rangle = \sum_{y=0}^{T-1}\frac{e^{2\pi\iota(T\omega-y)}-1}{T(e^{\frac{2\pi\iota(T\omega-y)}{T}}-1)}|y\rangle \tag{3.9}$$

接着用计算基测量第一寄存器 $|\varPhi_j^{(k)}\rangle$, 将以高概率得到 $\tilde{y}_j$ 或 $T-\tilde{y}_j$, 使得 $\sin^2\left(\frac{\pi\tilde{y}_j}{T}\right) = \sin^2\left[\frac{\pi(T-\tilde{y}_j)}{T}\right] \approx s_j^{(k)}$; 因此 $\sin^2\left(\frac{\pi\tilde{y}_j}{T}\right)$ 或者 $\sin^2\left[\frac{\pi(T-\tilde{y}_j)}{T}\right]$ 可以被用来估计支持度 $s_j^{(k)}$.

令人惊讶的是, 当局限于 $C_j^{(k)}$ 并令

$$|C_j^{(k)}\rangle := \otimes_{l=1}^{k}|c_{jl}^{(k)}\rangle \tag{3.10}$$

根据等式 (3.3), $O^{(k)}$ 与 $O_j^{(k)}$ (见等式 (3.5)) 有着相同的功能:

$$\begin{aligned} O^{(k)}|i\rangle|C_j^{(k)}\rangle &= (-1)^{\tau(i,C_j^{(k)})}|i\rangle|C_j^{(k)}\rangle \\ &= (O_j^{(k)}|i\rangle)|C_j^{(k)}\rangle \end{aligned} \tag{3.11}$$

因此, 基于 $O^{(k)}$, 可以得到和 $G_j^{(k)}$(等式 (3.6)) 对应的类 Grover 算子

$$G^{(k)} = [(2|\mathcal{X}_N\rangle\langle\mathcal{X}_N| - \mathbb{I}_N)\otimes\mathbb{I}_{M^k}]O^{(k)} \tag{3.12}$$

这里引入单位阵 $\mathbb{I}_{M^k}$ 是因为 $|C_j^{(k)}\rangle$ 的维度为 M^k. 进而根据等式 (3.5), (3.6), (3.11)和 (3.12), 对于任意的整数 $y>0$, 有

$$(G^{(k)})^y(|\mathcal{X}_N\rangle|C_j^{(k)}\rangle) = \left[(G_j^{(k)})^y|\mathcal{X}_N\rangle\right]|C_j^{(k)}\rangle \tag{3.13}$$

所以如果用算子 $G^{(k)}$ 对第三寄存器量子态 $\left[\left(\sum_{t=0}^{T-1}|t\rangle\right)\Big/\sqrt{T}\right]|\mathcal{X}_N\rangle|C_j^{(k)}\rangle$ 而非

$\left[\left(\sum_{t=0}^{T-1}|t\rangle\right)\Big/\sqrt{T}\right]|\mathcal{X}_N\rangle$ 进行幅度估计, 最后可以得到量子态 $|\varPhi_j^{(k)}\rangle|C_j^{(k)}\rangle$. 更进一步, 如果用均匀叠加态 $\left(\sum_{j=1}^{M_{\mathrm{c}}^{(k)}}|C_j^{(k)}\rangle\right)\Big/\sqrt{M_{\mathrm{c}}^{(k)}}$ 代替 $|C_j^{(k)}\rangle$ 作为输入, 根据酉操作的线性性质, 最终得到量子态

$$|\varPhi^{(k)}\rangle=\frac{\sum_{j=1}^{M_{\mathrm{c}}^{(k)}}|\varPhi_j^{(k)}\rangle|C_j^{(k)}\rangle}{\sqrt{M_{\mathrm{c}}^{(k)}}} \tag{3.14}$$

从而, 在第一量子寄存器上并行地存储所有支持度 $s_j^{(k)}$ 的估计值. 称使用类 Grover 算子 $G^{(k)}$ 做幅度估计的过程为并行幅度估计.

执行并行幅度估计之后, 对第一寄存器 $|\varPhi^{(k)}\rangle$ 执行幅度放大, 以搜索满足条件 $\sin^2\left(\frac{\pi y}{T}\right)\geqslant \mathrm{min\_supp}$ 或 $\sin^2\left[\frac{\pi(T-y)}{T}\right]\geqslant \mathrm{min\_supp}$ 的那些项 y, 从而得到一个在第三寄存器编码频繁 k 项集, 并在第一寄存器得到了对应的支持度的均匀叠加态.

量子关联规则挖掘算法可以总结为以下五步.

算法: $\mathcal{F}^{(k)}=\mathrm{QARM}(\mathcal{C}^{(k)}, G^{(k)}, k, T)$

(1) 准备 3 个寄存器, 且处于量子态

$$|\varPsi_1\rangle=\left(\frac{\sum_{t=0}^{T-1}|t\rangle}{\sqrt{T}}\right)|\mathcal{X}_N\rangle\left(\frac{\sum_{j=1}^{M_{\mathrm{c}}^{(k)}}|C_j^{(k)}\rangle}{\sqrt{M_{\mathrm{c}}^{(k)}}}\right) \tag{3.15}$$

这里 $\mathcal{C}^{(k)}$ 表示候选 k 项集的集合, 且当 $k=1$ 时, $\mathcal{C}^{(k)}=\mathcal{I}$. 候选 k 项集集合 $\mathcal{C}^{(k)}$ 可以通过执行经典过程 $\mathcal{C}^{(k)}=\mathrm{cand\_gen}(\mathcal{F}^{(k-1)})$ 得到. 当 $k=1$ 时, 均匀叠加态 $\left(\sum_{j=1}^{M_{\mathrm{c}}^{(k)}}|C_j^{(k)}\rangle\right)\Big/\sqrt{M_{\mathrm{c}}^{(k)}}$ 可以被高效制备. 但当 $k>1$ 时, 为了使整个算法更具有效

率, 用量子态 $\left(\sum_{j=1}^{M_{\mathrm{c}}^{(k)}}|j\rangle|C_j^{(k)}\rangle\right)\Big/\sqrt{M_{\mathrm{c}}^{(k)}}$ 来代替. 为了方便分析但又不影响对算法的理解, 下面只考虑被替代前的量子态 $\left(\sum_{j=1}^{M_{\mathrm{c}}^{(k)}}|C_j^{(k)}\rangle\right)\Big/\sqrt{M_{\mathrm{c}}^{(k)}}$. 详细解释可见算法描述后的分析.

(2) 对量子态 $|\Psi_1\rangle$ 执行酉操作 $\sum_{y=0}^{T-1}|y\rangle\langle y|\otimes(G^{(k)})^y$, 得到量子态

$$|\Psi_2\rangle=\left[\sum_{y=0}^{T-1}|y\rangle\langle y|\otimes(G^{(k)})^y\right]|\Psi_1\rangle \tag{3.16}$$

(3) 对第一寄存器 $|\Psi_2\rangle$ 执行逆傅里叶变换 $F_T^\dagger$, 得到

$$|\Psi_3\rangle=(F_T^\dagger\otimes\mathbb{I}_N\otimes\mathbb{I}_{M^k})|\Psi_1\rangle=|\Phi^{(k)}\rangle \tag{3.17}$$

这里傅里叶变换 F_T 被定义为 $F_T|i\rangle=\sum_{j=0}^{T-1}\frac{\mathrm{e}^{\frac{2\pi\iota ij}{T}}|j\rangle}{\sqrt{T}}$.

(4) 应用幅度放大算法对第一寄存器 $|\Psi_3\rangle$ 进行搜索, 寻找满足 $\sin^2\left(\frac{\pi y}{T}\right)\geqslant \text{min\_supp}$ 或 $\sin^2\left(\frac{\pi(T-y)}{T}\right)\geqslant\text{min\_supp}$ 的项 y, 得到量子态

$$|\Psi_4\rangle\approx\frac{\sum\limits_{j=1,\text{supp}(C_j^{(k)})\geqslant\text{min\_supp}}^{M_{\mathrm{c}}^{(k)}}|\Phi_j^{(k)}\rangle|C_j^{(k)}\rangle}{\sqrt{M_{\mathrm{f}}^{(k)}}} \tag{3.18}$$

该量子态包含 3 个寄存器, 从左到右分别存储了频繁 k 项集的支持度, Grover 算子 $G_j^{(k)}$ 的本征态以及频繁 k 项集.

(5) 测量第一和第三量子寄存器 $O(M_{\mathrm{f}}^{(k)})$ 次, 得到所有的 $M_{\mathrm{f}}^{(k)}$ 个频繁 k 项集 (即 $\mathcal{F}^{(k)}$) 和它们对应的支持度.

需要强调的是, 当 $k>1$ 时, 建议步骤 (1) 中的均匀叠加态

$$|C^{(k)}\rangle := \frac{\sum_{j=1}^{M_c^{(k)}} |C_j^{(k)}\rangle}{\sqrt{M_c^{(k)}}} \tag{3.19}$$

替换为两个寄存器的量子态:

$$|\widehat{C}^{(k)}\rangle := \frac{\sum_{j=1}^{M_c^{(k)}} |j\rangle|C_j^{(k)}\rangle}{\sqrt{M_c^{(k)}}} \tag{3.20}$$

当 $k=1$ 时, $\mathcal{C}^{(k)}=\mathcal{I}$, 即 $C_j^{(k)}=I_{j-1}$ 并且 $M_c^{(k)}=M$, 因此可以在 $O[\log(M)]$ 时间内高效制备量子态 $|C^{(k)}\rangle=\left(\sum_{j=0}^{M-1}|j\rangle\right)\Big/\sqrt{M}$. 然而当 $k>1$ 时, 更希望用量子态 $|\widehat{C}^{(k)}\rangle$ 来替代 $|C^{(k)}\rangle$. 这是因为制备 $|\widehat{C}^{(k)}\rangle$ 所花费的时间复杂度更小. 为了产生量子态 $|\widehat{C}^{(k)}\rangle$, 引入一个量子黑盒 $O_C^{(k)}$, 其中

$$O_C^{(k)} \frac{\sum_{j=1}^{M_c^{(k)}} |j\rangle|0\rangle}{\sqrt{M_c^{(k)}}} = \frac{\sum_{j=1}^{M_c^{(k)}} |j\rangle|C_j^{(k)}\rangle}{\sqrt{M_c^{(k)}}} \tag{3.21}$$

该黑盒 $O_C^{(k)}$ 可在时间 $O\left[k\log\left(MM_c^{(k)}\right)\right]$ 内通过量子随机存储 (quantum random access memory)[69] 访问经典候选 k 项集 $C_j^{(k)}$ 实现. 然而用幅度放大的算法从初始量子态 $|0\rangle^{\otimes k}$ 生成量子态 $|C^{(k)}\rangle$ 花费的时间为 $O\left[k\log(M)\sqrt{M^k/M_c^{(k)}}\right]$ (建立 k 份 M 维均匀叠加态需要 $O[k\log(M)]$ 时间, 且执行幅度放大需要重复 $O\left(\sqrt{M^k/M_c^{(k)}}\right)$ 次迭代). 因此, 制备 $|C^{(k)}\rangle$ 要比制备 $|\widehat{C}^{(k)}\rangle$ 花费的时间更多. 值得注意的是, 当在量子算法中使用量子态 $|\widehat{C}^{(k)}\rangle$ 时, 其第二系统的量子态将以混合态 $\left(\sum_{j=1}^{M_c^{(k)}}|C_j^{(k)}\rangle\langle C_j^{(k)}|\right)\Big/M_c^{(k)}$ 的形式呈现, 而不是纯态 $|C^{(k)}\rangle$ (式(3.19)). 与纯态情况

类似, 将会在第 (2) 步对该混合态进行操作, 并在最后一步对其进行测量.

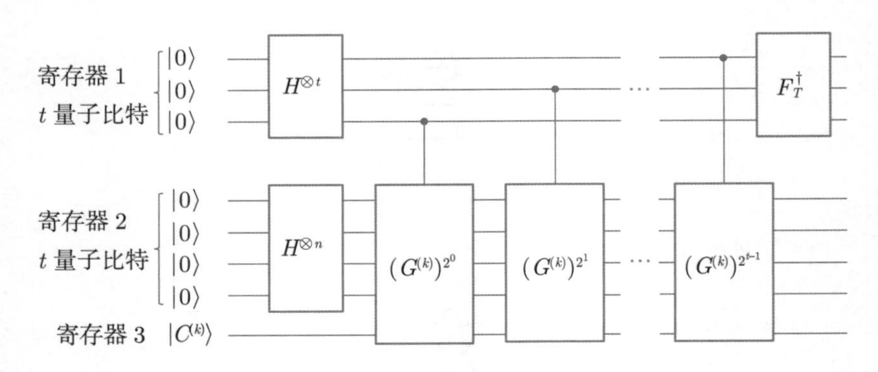

图3.4　量子算法前3步的量子电路(取 $T=2^t$, $N=2^n$). 寄存器3的量子态$|C^{(k)}\rangle := \sum_{j=1}^{M_c^{(k)}} |C_j^{(k)}\rangle / \sqrt{M_c^{(k)}}$

3.2.3　复杂度分析

在算法步骤 (1)~(3) 中, 需要 $T-1$ 个黑盒 $O^{(k)}$, 且估计支持度 $s_j^{(k)}$ 的误差为 $\Theta\left(\sqrt{s_j^{(k)}(1-s_j^{(k)})}/T\right)$[22]. 因此, 为确保估计 $s_j^{(k)}$ 的误差被控制在 $\varepsilon\sqrt{s_j^{(k)}(1-s_j^{(k)})}$ 内, 参数 T 应该选为 $T=\Theta(1/\varepsilon)$. 算法第 (4) 步显然需要重复 $O\left(\sqrt{M_\mathrm{c}^{(k)}/M_\mathrm{f}^{(k)}}\right)$ 次幅度放大迭代. 在算法的最后一步需要进行 $O(M_\mathrm{f}^{(k)})$ 次测量, 从而得到所有 $M_\mathrm{f}^{(k)}$ 个频繁 k 项集和它们相应的支持度. 把所有步骤考虑在内, 且考虑到构造 $O^{(k)}$ 需要 $\Theta(k)$ 个基础黑盒 O, 量子算法需要 $O\left(k\cdot T\cdot\sqrt{M_\mathrm{c}^{(k)}M_\mathrm{f}^{(k)}}\cdot M_\mathrm{f}^{(k)}\right) = O\left(k\sqrt{M_\mathrm{c}^{(k)}M_\mathrm{f}^{(k)}}/\varepsilon\right)$ 个基础黑盒 O, 从而从 $M_\mathrm{c}^{(k)}$ 个候选 k 项集 $(\mathcal{C}^{(k)})$ 中挖掘出 $M_\mathrm{f}^{(k)}$ 个频繁 k 项集 $(\mathcal{F}^{(k)})$, 并估计它们对应的支持度.

现在考虑应用经典的基于采样的 Apriori 算法从 $\mathcal{C}^{(k)}$ 中挖掘 $\mathcal{F}^{(k)}$. 所有候选 k 项集的支持度 $s_j^{(k)}$ 可以通过从交易数据库 $\mathcal{T}$ 中采样获得. 根据二项分布的性质, 为了确保 $s_j^{(k)}$ 时的采样误差为 $\varepsilon\sqrt{s_j^{(k)}(1-s_j^{(k)})}$, 需要 $O\left(1/\varepsilon^2\right)$ 个样本用来估计每一个支持度. 为了不失公平性, 采样方法使用相同样本数目估计每个支持度, 且采样得到的误差与量子算法中得到的误差的大小设置相同. 在经典算法中, 最少要调用 $\Theta(k)$ 个基本门 O 来判断是否有一个样本包含一个任意 k 项集 X. 为了达到精度 $O(\varepsilon)$,

这将花费 $O\left(kM_{\mathrm{c}}^{(k)}/\varepsilon^2\right)$ 个基本量子黑盒 O, 以估计 $\mathcal{C}^{(k)}$ 中所有 $M_{\mathrm{c}}^{(k)}$ 个候选 k 项集. 在通过采样方法估计支持度后, 可以很容易地找到频繁 k 项集及其支持度.

然而上述两种算法都是非确定性的 (non-deterministic). 如果希望以确定的方式从 $\mathcal{C}^{(k)}$ 中挖掘 $\mathcal{F}^{(k)}$, 可以直接采用经典 Apriori 算法. 在该算法中, 计算每个候选 k 项集的支持度都需要遍历数据库中所有的交易信息. 因此可以调用 $O(kM_{\mathrm{c}}^{(k)}N)$ 个基础黑盒 O 来无误差地计算所有候选 k 项集的支持度. 计算后, 可以直接找到所有频繁 k 项集以及对应的支持度.

对比上述从 $\mathcal{C}^{(k)}$ 中挖掘 $\mathcal{F}^{(k)}$ 的 3 个算法：量子关联规则挖掘算法、基于采样的 Apriori 算法和 Apriori 算法, 它们的复杂度比较见表 3.1. 通过对比, 有两点发现: 其一, 当交易数据量 N 比较大时, 量子算法和基于采样的 Apriori 算法均比 Apriori 算法更有效率. 但是这两种算法均具有不确定性, 并且引入了误差. 所以需要在准确率与复杂度之间找到一个均衡. 其二, 更重要的是, 相比基于采样的 Apriori 算法, 量子算法改善了查询复杂度对误差参数 ε 的依赖程度. 考虑到 $M_{\mathrm{f}}^{(k)} \leqslant M_{\mathrm{c}}^{(k)}$, 量子算法对参数 $M_{\mathrm{c}}^{(k)}$ 的依赖程度也有了显著改善, 但是改善的效果依赖于 $M_{\mathrm{f}}^{(k)}$ 相对于 $M_{\mathrm{c}}^{(k)}$ 的数量级. 当 $M_{\mathrm{f}}^{(k)} \approx M_{\mathrm{c}}^{(k)}$ 时, 量子算法对参数 $M_{\mathrm{c}}^{(k)}$ 不存在显著的改善. 然而, 当 $M_{\mathrm{f}}^{(k)} \ll M_{\mathrm{c}}^{(k)}$ 时, 量子算法对于参数 $M_{\mathrm{c}}^{(k)}$ 有着平方规模的改善; 可以想象, 该情况可能发生在最后一次迭代, 且设置相对较高的阈值, 这是因为: (1) 最后一次迭代中频繁项集的数量太小而无法生成下一次迭代候选项集; (2) 更高的阈值意味着在候选项集中存在较少数量的频繁项集.

表 3.1 从 $\mathcal{C}^{(k)}$ 中挖掘 $\mathcal{F}^{(k)}$ 的 3 个算法：量子关联规则挖掘算法、基于采样的 Apriori 算法和 Apriori 算法之间的比较

算法	确定性	查询复杂度
量子关联规则挖掘算法	不确定的	$O\left(k\sqrt{M_{\mathrm{c}}^{(k)}M_{\mathrm{f}}^{(k)}}/\varepsilon\right)$
基于采样的 Apriori 算法	不确定的	$O\left(kM_{\mathrm{c}}^{(k)}/\varepsilon^2\right)$
Apriori 算法	确定的	$O\left(kM_{\mathrm{c}}^{(k)}N\right)$

关于量子算法的复杂度, 还有另外两点需要说明.

1. 算法挖掘所有频繁项集的整体查询复杂度.

由于量子算法和其他所有经典关联规则挖掘算法一样, 均输出所有的频繁项集, 而不是输出对于某个特定的 k 的频繁 k 项集, 有必要分析生成所有频繁项集的查询复杂度. 假设量子算法执行了 $\widehat{k}$ 次迭代, 那么总体的查询复杂度可以表示为 $O\left(\sum_{k=1}^{\widehat{k}} k\sqrt{M_{\mathrm{c}}^{(k)} M_{\mathrm{f}}^{(k)}}/\varepsilon\right)$, 基于采样的 Apriori 算法的总查询复杂度为 $O\left(\sum_{k=1}^{\widehat{k}} kM_{\mathrm{c}}^{(k)}/\varepsilon^2\right)$. 如同上述针对挖掘频繁 k 项集那样, 量子算法相对于经典算法的提升主要也包括两方面: 一方面, 通过并行幅度估计算法, 在误差参数方面的平方加速是确定的. 另一方面, 因为数据库本身和阈值决定了 $M_{\mathrm{c}}^{(k)}$ 和 $M_{\mathrm{f}}^{(k)}$ 的规模, 幅度放大算法带来的提升依赖于数据库本身以及选取的阈值. 为了量化幅度放大带来的算法的加速优势, 取一个量化指标

$$\gamma := \frac{\sum_{k=1}^{\widehat{k}} kM_{\mathrm{c}}^{(k)}}{\sum_{k=1}^{\widehat{k}} k\sqrt{M_{\mathrm{c}}^{(k)} M_{\mathrm{f}}^{(k)}}} \tag{3.22}$$

这意味着量子算法 (在不考虑并行幅度估计带来的加速情况下) 大约比经典算法快 γ 倍.

为了说明参数 γ 依赖于数据库本身和阈值, 在两个真实交易数据库 retail 和 kosarak[70] 上测试 Apriori 算法, 并且分别设置阈值为 1% 和 2%. 数据库 retail 含有 88162 个交易条目和 16470 个项, 而 kosarak 数据库含有 992547 个交易条目和 41270 个项. 获得两个阈值下每次迭代的候选项集和频繁项集数目, 具体细节见表 3.2 和表 3.3. 对于 kosarak 数据库, 需要执行 5 次迭代, 而 retail 数据库只需要执行 4 次迭代. 对于 4 种情况：(retail, 1%), (retail, 2%), (kosarak, 1%) 和 (kosarak, 2%), 通过简单的计算分别得到相应的 γ =12.75, 25.54, 19.87 和 33.74.

表 3.2 数据库 retail 中候选项集和频繁项集数目 (分别记为 $M_c^{(k)}$ 和 $M_f^{(k)}$). 这里 k 表示第 k 次迭代

k	min_supp = 1%		min_supp = 2%	
	$M_c^{(k)}$	$M_f^{(k)}$	$M_c^{(k)}$	$M_f^{(k)}$
1	16470	70	16470	20
2	2415	58	190	22
3	37	25	14	12
4	6	6	2	1

表 3.3 数据库 kosarak 中候选项集和频繁项集数目

k	min_supp = 1%		min_supp = 2%	
	$M_c^{(k)}$	$M_f^{(k)}$	$M_c^{(k)}$	$M_f^{(k)}$
1	41270	54	41270	27
2	1431	140	351	45
3	194	127	45	34
4	57	52	13	13
5	11	10	2	2

2. 制备量子态 $|C^{(k)}\rangle$ 和 $|\widehat{C}^{(k)}\rangle$ 的总体时间复杂度.

根据上一小节的最后一段, 知道量子算法在 $k=1$ 时需要制备量子态 $|C^{(k)}\rangle$, 并在 $k>1$ 时需要制备量子态 $|\widehat{C}^{(k)}\rangle$. 而这两个量子态中任何一个均可在时间 $O\left(k\log\left(MM_c^{(k)}\right)\right)$ 内制备 (包含了 $k=1$ 的情况). 在考虑步骤 (4) 的幅度放大和步骤 (5) 的测量之后, 总体的制备量子态 $|C^{(k)}\rangle$ 和 $|\widehat{C}^{(k)}\rangle$ 的复杂度为 $O\left(\log\left(MM_c^{(k)}\right)k\sqrt{M_c^{(k)}M_f^{(k)}}\right)$. 对比算法总共需要调用 $O\left(k\sqrt{M_c^{(k)}M_f^{(k)}}/\varepsilon\right)$ 次基础量子黑盒 O 的复杂度, 制备这两个量子态所需要的时间复杂度就小得多. 这是因为在实际中 $\log\left(MM_c^{(k)}\right)$ 要远小于 $1/\varepsilon$, 尤其是当误差 ε 被设置得很小的时候 (例如 $\varepsilon=0.001$). 这也就是说, 量子算法的时间复杂度主要取决于调用基础量子黑盒 O 的时间复杂度, 而非产生这两个量子态的时间.

本章小结

本章介绍了如何在量子计算机上解决数据挖掘中的一个重要问题——关联规则挖掘. 本章所述的一个量子关联规则挖掘算法解决了关联规则挖掘中的一个核心步骤, 即从候选项集中挖掘频繁项集. 总的来说, 通过巧妙地运用幅度估计和幅度放大算法, 量子关联规则挖掘算法可以有效地从候选 k 项集中找到频繁 k 项集, 并计算出相应的支持度. 复杂度分析表明, 量子关联规则挖掘算法比经典的对应算法 (即基于采样的 Apriori 算法) 至少在误差参数上具有平方加速优势. 量子关联规则挖掘算法有助于理解量子计算的计算能力, 并且有望启发更多解决大数据挖掘问题的量子算法.

量子规则挖掘在未来有两个方向值得进一步探索: 首先, 量子关联规则挖掘算法只关注加速过程 (P1), 关于加速过程 (P2) 的量子算法值得被开发. 其次, 在量子关联规则挖掘中引入隐私保护也是非常有意义的, 文献 [71] 已经展开了相关工作并取得了较好的成果.

第 4 章

基于主成分分析的量子数据降维算法

本章将介绍针对另外一种重要的数据挖掘技术——量子数据降维算法. 在大数据时代, 高维数据往往被嵌入到低维空间中. 为了揭示这样的内在结构以及克服“维数灾难”(the curse of dimensionality)[3,5] 的影响, 人们提出了一种降低给定高维数据集的维数 (特征数) 但尽可能保持原数据某些信息的技术, 即数据降维. 本章介绍基于最著名的数据降维方法 (即主成分分析) 的量子数据降维算法. 给定一个高维数据集, 该算法按照主成分分析以量子并行方式, 将该高维数据集映射到低维空间且获得相应的低维数据集. 当高维数据被映射到维数很低的低维空间时, 该算法相对经典主成分分析算法具有指数加速优势. 实际上, 该算法也可以看作基于主成分分析的数据压缩方案. 该方案将存储高维数据集的量子比特压缩到存储低维数据集的更少量子比特. 值得注意的是, 与现存的压缩多个完全相同的纯态或者混合态的量子压缩方案 [74-76] 所不同的是, 该方案压缩的是一串不同甚至纠缠的量子比特. 此外, 压缩之后的数据可以进一步用更少的量子资源 (量子比特数和量子门) 去处理. 作为两个例子, 基于主成分分析的量子数据降维算法, 可以应用到两个知名的量子机器学习算法——量子支持向量机算法 [23] 和量子线性回归预测算法 [57] 中, 以降低数据的维度. 这说明了该量子数据降维算法能够使得量子机器学习克服“维数灾难”.

本章结构安排：4.1 节简要介绍经典主成分分析算法; 4.2 节描述所介绍的基于主成分分析的量子数据降维算法, 并分析其时间复杂度; 4.3 节介绍该算法如何应用于两个知名的量子机器学习算法, 使其摆脱“维数灾难”; 最后为本章小结.

4.1 经典主成分分析回顾

降维是一个降低给定高维数据集的维数 (特征数) 但尽可能保持原数据某些信息的过程. 由于低维数据意味着需要更少的时间和空间复杂度去处理, 降维常常作为许多其他机器学习任务 (如数据分类和数据聚类) 的预处理步骤, 以降低数据维度和提高效率 [3]. 一般来说, 根据降维过程是线性的或是非线性的, 降维通常分为两类：线性降维和非线性降维. 最具代表性的线性降维方法为主成分分析. 主成分分析通过构建一个映射将高维数据集映射到由几个相互正交单位向量 (即主成分) 构成的低维空间, 使得映射后的低维数据能够最大程度地保持原数据的方差 [3,5]. 事实上, 主成分分析机制被广泛应用于多种线性和非线性降维算法 [3] 中.

给定一个 N 数据点的数据集 $\{\boldsymbol{x}_i\}_{i=1}^N$, 其中每个数据点可用一个 D 维列向量 $\boldsymbol{x}_i=(x_{i1},x_{i2},\cdots,x_{iD})^{\mathrm{T}}\in\mathbb{R}^D$ 描述. 该数据集可以用矩阵 $\boldsymbol{X}=(\boldsymbol{x}_1,\boldsymbol{x}_2,\cdots,\boldsymbol{x}_N)^{\mathrm{T}}$ 描述. 主成分分析将这些数据映射到一个低维空间, 使得映射之后的低维数据能够最大程度地保持原数据集的方差. 对 X 进行奇异值分解, 即

$$\boldsymbol{X}=\sum_{j=1}^{D}\sigma_j\left|\boldsymbol{u}_j\right\rangle\left\langle\boldsymbol{v}_j\right| \tag{4.1}$$

其中 $\{\sigma_j\in\mathbb{R}_{\geqslant 0}\}_{j=1}^D$, $\{|\boldsymbol{u}_j\rangle\in\mathbb{R}^N\}_{j=1}^D$ 和 $\{|\boldsymbol{v}_j\rangle\in\mathbb{R}^D\}_{j=1}^D$ 分别是 $\boldsymbol{X}$ 的奇异值 (降序排列)、左奇异向量和右奇异向量 (主成分)[5].

接着, 原数据集可以被投影到由前 d 个主成分, 即 $|\boldsymbol{v}_1\rangle$, $|\boldsymbol{v}_2\rangle$, $\cdots$, $|\boldsymbol{v}_d\rangle$ 构成的一个 d 维空间. d 通常选为最小的 s, 使得最前面 s 个主成分占有的累计方差和大于某个预先设定的阈值 ϑ, 且该阈值接近于 1, 如 0.95. 也就是说,

$$d=\min_s\left\{s:\frac{\sum\limits_{j=1}^{s}\sigma_j^2}{\sum\limits_{j=1}^{D}\sigma_j^2}\geqslant\vartheta\right\} \tag{4.2}$$

整个投影过程实际上是一个线性映射 $V_d=(|\boldsymbol{v}_1\rangle,|\boldsymbol{v}_2\rangle,\cdots,|\boldsymbol{v}_d\rangle)$, 且新数据库可以通过以下过程获取:

$$\begin{aligned}\boldsymbol{Y}&=\boldsymbol{X}\boldsymbol{V}_d\\&=\sum_{j=1}^{d}\sigma_j\,|\boldsymbol{u}_j\rangle\,\langle j|\end{aligned} \tag{4.3}$$

这里 $N\times d$ 矩阵 $\boldsymbol{Y}$ 的第 i 行为列向量

$$\boldsymbol{y}_i=\boldsymbol{V}_d^{\mathrm{T}}\boldsymbol{x}_i \tag{4.4}$$

的转置, 其中 $\boldsymbol{y}_i=(y_{i1},y_{i2},\cdots,y_{id})^{\mathrm{T}}\in\mathbb{R}^d$ 对应于第 i 个原数据 $\boldsymbol{x}_i$ 投影到 d 维空间之后的 d 维数据.

4.2 量子算法

在量子环境下, Lloyd 首先提出了基于主成分分析的量子态层析算法 [61]. 给定足量份数的编码某数据集协方差矩阵的量子态 ρ, 该算法产生量子态 $\sigma=\sum\limits_i r_i\,|\chi_i\rangle\langle\chi_i|\otimes|\hat{r}_i\rangle\langle\hat{r}_i|$, 其中 r_i, $|\chi_i\rangle$ 和 $\hat{r}_i$ 分别表示 ρ 的特征值、特征向量 (即主成分) 和特征值估计值. 之后, $|\chi_i\rangle$ 和 $\hat{r}_i$ 可以通过对特征值估计寄存器测量采样获得,

且当 ρ 近似低秩时该采样过程非常高效 [61]. 对于一个特征值和特征向量分别为 λ_i 和 $|\varphi_i\rangle$ 的一般矩阵 $\boldsymbol{H}$, Daskin 提出了另一个基于主成分分析的量子算法 [72]. 该算法利用幅度放大技术 [22] 获取特征向量 $|\varphi_i\rangle$ 和 λ_i, 即 $\sum_{a\leqslant\lambda_i\leqslant b}\alpha_i|\lambda_i\rangle|\varphi_i\rangle$, 其中特征值 λ_i 处于区间 $[a,b]$, α_i 为取决于 $|\varphi_i\rangle$ 的系数. 后来, Cong 和 Duan 提出了一个量子线性判别分析降维算法 [48]. 该算法和 Llyod 的降维算法 [61] 类似, 也产生类似 σ 的量子态, 只是其中涉及 ρ 编码的是数据集的发散矩阵 (scatter matrices), 而非协方差矩阵. 然而, 所有这些量子算法只输出张成低维空间的基量子态 (即 $|\chi_i\rangle$ 或者 $|\varphi_i\rangle$). 换句话说, 这些算法并没有实现数据"压缩"过程, 即将高维数据映射到低维空间并获得低维数据的过程. 在这些算法基础上, 实现该任务的一个凭直觉的想法是将给定的高维量子态 (数据) 和基量子态做量子交换测试 [23,57,73], 以获得低维数据. 以 Lloyd 等人所提算法 [61] 为例, 对于任意一个以量子态呈现的原始高维数据 $|\boldsymbol{x}\rangle$, 其相应的低维 (维数为 d) 数据可以表示为向量 $\boldsymbol{y}=(\langle\chi_1|\boldsymbol{x}\rangle,\cdots,\langle\chi_d|\boldsymbol{x}\rangle)$, 其中每个元素 $\langle\chi_i|\boldsymbol{x}\rangle$ 为两个量子态, 可通过量子交换测试 [23,57,73] 估计. 由于 $|\chi_i\rangle$ 和 $-|\chi_i\rangle$ 均为特征向量 (主成分), $\langle\chi_i|\boldsymbol{x}\rangle$ 可被假设为非负的. 然而对一个指数级量的高维数据集执行这样的过程在计算上是困难的. 此外, 按照这种方式获得的低维经典数据无法直接被用于量子机器学习算法 [32,33], 因为量子机器学习算法通常需要数据以量子并行的方式输入. 因此, 设计能够以量子并行方式降低指数级量的高维数据集且能被应用于其他量子机器学习的量子数据降维算法十分重要.

接下来介绍一个基于主成分分析的量子数据降维算法, 该算法以量子并行方式将存储原始高维数据的量子态 (记为 $|\psi_s\rangle$) 转换到另一个存储降维之后低维数据的量子态 (记为 $|\psi_e\rangle$):

$$|\psi_s\rangle:=\frac{\sum_{i=1}^{N}|i\rangle\otimes\boldsymbol{x}_i}{\|\boldsymbol{X}\|_{\mathrm{F}}}\mapsto|\psi_e\rangle:=\frac{\sum_{i=1}^{N}|i\rangle\otimes\boldsymbol{y}_i}{\|\boldsymbol{Y}\|_{\mathrm{F}}} \tag{4.5}$$

其中 $\|\boldsymbol{X}\|_{\mathrm{F}}$ 和 $\|\boldsymbol{Y}\|_{\mathrm{F}}$ 分别是 $\boldsymbol{X}$ 和 $\boldsymbol{Y}$ 的 Frobenius 范数,

$$\boldsymbol{x}_i=\sum_{j=1}^{D}x_{ij}|j\rangle=\|\boldsymbol{x}_i\|\,|\boldsymbol{x}_i\rangle \tag{4.6}$$

且

$$\boldsymbol{y}_i = \sum_{j=1}^{d} y_{ij} |j\rangle = \|\boldsymbol{y}_i\| |\boldsymbol{y}_i\rangle \tag{4.7}$$

首先, 假设 $\{\boldsymbol{x}_i\}_{i=1}^N$(即矩阵 $\boldsymbol{X}$) 以适当的数据结构存储在量子随机存储器 [69] 中, 其中 $\{|X_{ij}|^2 : i=1,2,\cdots,N, j=1,2,\cdots,D\}$ 的某些子集的和存储在二叉树中 [39,77]. 该数据结构的详细构造可见于它的初始应用的量子推荐系统 [77], 以及另外成功应用的针对稠密矩阵的量子线性方程组算法 [39]. 该结构使得我们能够以 $O(\text{polylog}(ND))$ 时间执行下面两个酉操作 [39,77]:

$$U_{\mathcal{M}} : |i\rangle |0\rangle \mapsto \frac{\sum_{j=1}^{D} x_{ij} |i\rangle |j\rangle}{\|\boldsymbol{x}_i\|} \tag{4.8}$$

$$U_{\mathcal{N}} : |0\rangle |j\rangle \mapsto \frac{\sum_{i=1}^{N} \|\boldsymbol{x}_i\| |i\rangle |j\rangle}{\|\boldsymbol{X}\|_{\mathrm{F}}} \tag{4.9}$$

酉操作 $U_{\mathcal{M}}$ 能够产生编码任意一个原始数据点的量子态, 而酉操作 $U_{\mathcal{N}}$ 作用在第一个寄存器上, 以将数据点范数编码在其幅度上. 如果制备一定数目的量子比特, 使其处于量子态 $|0\rangle |0\rangle$, 可以利用这两个酉操作产生想要的初始态:

$$\begin{aligned} |\psi_s\rangle &= U_{\mathcal{M}} U_{\mathcal{N}} |0\rangle |0\rangle \\ &= U_{\mathcal{M}} \frac{\sum_{i=1}^{N} \|\boldsymbol{x}_i\| |i\rangle |0\rangle}{\|\boldsymbol{X}\|_{\mathrm{F}}} \\ &= \frac{\sum_{i=1}^{N} \sum_{j=1}^{D} x_{ij} |i\rangle |j\rangle}{\|\boldsymbol{X}\|_{\mathrm{F}}} \end{aligned} \tag{4.10}$$

因此, 在量子随机存储器中的这种特殊数据结构使得 $|\psi_s\rangle$ 能够在 $O(\text{polylog}(ND))$ 时间内有效制备.

4.2.1 算法设计

为了产生式 (4.5) 中的目标量子态 $|\psi_e\rangle$, 算法按照以下步骤执行:

(1) 提取量子主成分. 该步骤旨在获取前 d 个主成分 $|\boldsymbol{v}_1\rangle,|\boldsymbol{v}_2\rangle,\cdots,|\boldsymbol{v}_d\rangle$ 的量子态形式. 它们相应的所占方差比例为

$$\lambda_j:=\frac{\sigma_j^2}{\sum_{j=1}^{D}\sigma_j^2},\quad j=1,2,\cdots,D \tag{4.11}$$

根据式(4.1)中 $\boldsymbol{X}$ 的奇异值分解形式, $|\psi_s\rangle$(式(4.10)) 可被重新写成

$$|\psi_s\rangle=\sum_{j=1}^{D}\sqrt{\lambda_j}\,|\boldsymbol{u}_j\rangle\,|\boldsymbol{v}_j\rangle \tag{4.12}$$

第二个寄存器处于量子态

$$\rho=\mathrm{Tr}_1(|\psi_s\rangle)=\sum_{j=1}^{D}\lambda_j\,|\boldsymbol{v}_j\rangle\,\langle\boldsymbol{v}_j| \tag{4.13}$$

且实际上等于 $\boldsymbol{X}^{\mathrm{T}}\boldsymbol{X}/\mathrm{Tr}(\boldsymbol{X}^{\mathrm{T}}\boldsymbol{X})$.

密度矩阵求幂技术 [61] 将 ρ 的一定数目副本实现酉操作 $\mathrm{e}^{-\mathrm{i}\rho t}$(对于某个时间 t)[61]. 利用该技术, 对 $|\psi_s\rangle$ 的第二个寄存器执行相位估计得到

$$\sum_{j=1}^{D}\sqrt{\lambda_j}\,|\boldsymbol{u}_j\rangle\,|\boldsymbol{v}_j\rangle\,|\lambda_j\rangle \tag{4.14}$$

之后通过测量最后寄存器揭示特征值 λ_j, 并得到相应的量子态 $|\boldsymbol{u}_j\rangle$ 和 $|\boldsymbol{v}_j\rangle$. 显然, λ_j 以概率 λ_j 被测得. 由于 $\sum_{j=1}^{d}\lambda_j\geqslant\vartheta\approx 1$, 当 λ_j 的大小为 $O(1/d)$ 时, 对式(4.14)中的量子态采样 $O(d)$ 次能够以较大概率获得 λ_j.

(2) 引入锚量子态. 随机选取一个初始量子态 $\boldsymbol{x}\in\{\boldsymbol{x}_i\}_{i=1}^{N}$, 且通过酉操作 $U_{\boldsymbol{x}}:|0\rangle\mapsto|\boldsymbol{x}\rangle$ 制备相应的量子态 $|\boldsymbol{x}\rangle$, 称其为锚量子态. 容易看出, $U_{\boldsymbol{x}}$ 可以通过 $U_{\mathcal{M}}$(式(4.8)) 实现, 因此可以在 $O(\mathrm{polylog}(D))$ 时间内实现.

由于 $\{|\boldsymbol{v}_j\rangle\}_{j=1}^D$ 构成 $\mathbb{R}^D$ 空间的一组基, $|\boldsymbol{x}\rangle$ 可以写成该组基的一个线性组合, 即

$$|\boldsymbol{x}\rangle=\beta_1|\boldsymbol{v}_1\rangle+\beta_2|\boldsymbol{v}_2\rangle+\cdots+\beta_D|\boldsymbol{v}_D\rangle \tag{4.15}$$

其中 $\beta_j=\langle\boldsymbol{v}_j||\boldsymbol{x}\rangle$. 不失一般性, 假设每个 $\beta_j\geqslant 0$; 如果 $\beta_j<0$, 用 $-|\boldsymbol{v}_j\rangle$ 代替 $|\boldsymbol{v}_j\rangle$, 使得 $\beta_j=|\beta_j|\geqslant 0$. 需要注意的是, $|\boldsymbol{v}_j\rangle$, $-|\boldsymbol{v}_j\rangle$ 也是 $\boldsymbol{X}^{\mathrm{T}}\boldsymbol{X}$ 对应特征值 λ_j 的特征向量, 因此也可以看作主成分.

由于原数据集 $\{\boldsymbol{x}_i\}_{i=1}^N$ 近似置于前 d 个主成分 $\{|\boldsymbol{v}_j\rangle\}_{j=1}^d$ 张成的子空间, $|\boldsymbol{x}\rangle$ 以很高概率在该子空间具有较大的支持. 这意味着 $\sum\limits_{j=1}^d\beta_j^2\approx 1$ 且 $\beta_j^2=O(1/d)$. β_j^2 可以以精度 $O(\varepsilon_\beta/\sqrt{d})$ 被估计, 或者同样地, β_j 可以以精度 $O(\varepsilon_\beta)$ 被估计. 该估计过程需要 $O\left(\beta_j^2(1-\beta_j^2)d/\varepsilon_\beta^2\right)=O(1/\varepsilon_\beta^2)$ 规模的量子交换测试 [23,57,73].

(3) 投影. 该步骤产生最终目标量子态 $|\psi_e\rangle$. 为了理解从 $|\psi_s\rangle$ 转换到 $|\psi_e\rangle$ 的基本思想, 将原数据 $\boldsymbol{x}_i$ 在 $\{|\boldsymbol{v}_1\rangle,|\boldsymbol{v}_2\rangle,\cdots,|\boldsymbol{v}_D\rangle\}$ 这组基下重新写为

$$\boldsymbol{x}_i=\left(\sum_{j=1}^D|\boldsymbol{v}_j\rangle\langle\boldsymbol{v}_j|\right)\boldsymbol{x}_i=\sum_{j=1}^D y_{ij}|\boldsymbol{v}_j\rangle$$

这意味着 $|\psi_s\rangle$ 从数学上可以重新写为

$$|\psi_s\rangle=\frac{\sum\limits_{i=1}^N|i\rangle\otimes\sum\limits_{j=1}^D y_{ij}|\boldsymbol{v}_j\rangle}{\|\boldsymbol{X}\|_{\mathrm{F}}} \tag{4.16}$$

且进一步蕴含着, 如果可以对 $|\psi_s\rangle$ 执行映射 $|\boldsymbol{v}_j\rangle\mapsto|j\rangle$ 且截断前 d 项, 则 $|\psi_e\rangle$ 可以被获取. 基于该想法, 整体映射可以通过以下子步骤实现:

(3.1) 相位估计. 再次借助于实现 $\mathrm{e}^{-\mathrm{i}\rho t}$ 的能力, 对量子态式(4.16)的第二寄存器执行相位估计, 以获得量子态

$$\frac{\sum\limits_{i=1}^N\sum\limits_{j=1}^D y_{ij}|i\rangle|\boldsymbol{v}_j\rangle|\lambda_j\rangle}{\|\boldsymbol{X}\|_{\mathrm{F}}} \tag{4.17}$$

该量子态在数学上等价于式(4.14)所描述的量子态.

(3.2) 增加索引寄存器. 增加一个具有 $\lceil \log(d+1) \rceil$ 个处于 $|0\rangle$ 态的量子比特的寄存器, 记为索引寄存器. 执行 d 个受控酉操作 $CU(\lambda_1), CU(\lambda_2), \cdots, CU(\lambda_d)$, 其中

$$CU(\lambda_j) : |\lambda_j\rangle |0\rangle \mapsto |\lambda_j\rangle |j\rangle \tag{4.18}$$

紧接着获得量子态

$$\frac{\sum_{i=1}^{N} y_{ij} |i\rangle |\boldsymbol{v}_j\rangle |\lambda_j\rangle \left(\sum_{j=1}^{d} |j\rangle + \sum_{j=d+1}^{D} |0\rangle \right)}{\|\boldsymbol{X}\|_{\mathrm{F}}} \tag{4.19}$$

由于特征值 λ_j 已经在步骤 (1) 被揭示, 每个受控酉操作 CU_j 可被高效实现. 假设 L 个量子比特被用于存储特征值 $\lambda_j (j = 1, 2, \cdots, d)$, 且 λ_j 和 j 分别以二进制表示为 $\lambda_j = \lambda_j^1 \lambda_j^2 \cdots \lambda_j^L$ 和 $j = j_1 j_2 \cdots j_{\lceil \log(d+1) \rceil}$. 实现 CU_j 的量子电路可见图 4.1.

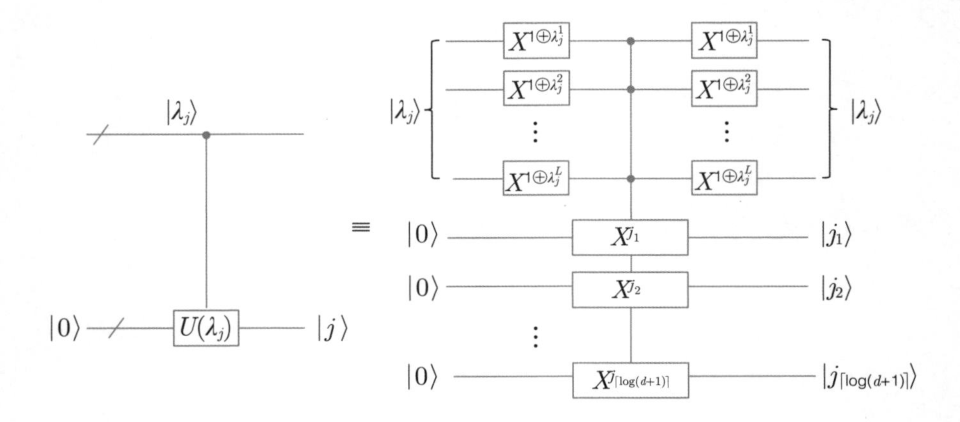

图4.1　实现 CU_j 的量子电路

上面的寄存器存储特征值 $|\lambda_j\rangle$, 下面的寄存器为索引寄存器. 这里 "/" 表示一串量子比特, X 表示量子NOT门. 对于 $k = 1, 2, \cdots, L$, 如果 $\lambda_j^k = 1(0)$, 则 $X^{1\oplus\lambda_j} = I(X)$, 且对于 $l = 1, 2, \cdots, \lceil \log(d+1) \rceil$, 如果 $j_l = 0(1)$, 则 $X^{j_l} = I(X)$. 当特征值寄存器处于量子态 $|\lambda_j\rangle \equiv |\lambda_j^1 \lambda_j^2 \cdots \lambda_j^L\rangle$ 时, 该电路实现对索引寄存器的映射 $|0\rangle \to |j\rangle \equiv |j_1 j_2 \cdots j_{\lceil \log(d+1) \rceil}\rangle$, 而在处于其他态时不做任何操作.

(3.3) 逆相位估计. 执行步骤 (3.1) 的逆过程, 丢弃特征值寄存器, 获得量子态

$$\frac{\sum_{i=1}^{N} y_{ij} |i\rangle |\boldsymbol{v}_j\rangle \left(\sum_{j=1}^{d} |j\rangle + \sum_{j=d+1}^{D} |0\rangle\right)}{\|\boldsymbol{X}\|_{\mathrm{F}}} \tag{4.20}$$

(3.4) 受控旋转. 增加另外一个处于量子态 $|0\rangle$ 的量子比特作为最后的寄存器, 执行 d 个受控于 $|j\rangle$ 的酉旋转操作 $CR(\beta_1), CR(\beta_2), \cdots, CR(\beta_d)$, 其中对于 $j = 1, 2, \cdots, d$,

$$CR(\beta_j): |j\rangle |0\rangle \mapsto |j\rangle \left(\frac{C}{\hat{\beta}_j} |1\rangle + \sqrt{1 - \frac{C^2}{\hat{\beta}_j^2}} |0\rangle\right) \tag{4.21}$$

这里 $\hat{\beta}_j$ 表示在步骤 (2) 中获得 β_j 的估计, 且 $C = O\left(\min_j \hat{\beta}_j\right) = O(1/\sqrt{d})$. 受控旋转后, 获得整个系统的量子态

$$\sum_{i=1}^{N} \frac{y_{ij}}{\|\boldsymbol{X}\|_{\mathrm{F}}} |i\rangle |\boldsymbol{v}_j\rangle \left[\sum_{j=1}^{d} |j\rangle \left(\frac{C}{\hat{\beta}_j} |1\rangle + \sqrt{1 - \frac{C^2}{\hat{\beta}_j^2}} |0\rangle\right) + \sum_{j=d+1}^{D} |0\rangle |0\rangle\right] \tag{4.22}$$

需要指出的是, 由于每个 $\hat{\beta}_j$ 的经典信息已经给出, 每个双量子比特受控旋转操作 $CR(\beta_j)$ 可以被直接且高效实现. 相对于广泛应用于基于 HHL 的量子算法 [36,48,50,55,57] 的受控旋转操作, 该受控旋转操作更节省资源, 因为前者需要量子算术电路 [78], 需要花费相当多的量子比特和运行时间.

(3.5) 投影测量. 通过执行 $U_{\boldsymbol{x}}^{-1}$ 且投影测量 $|0\rangle\langle 0|$, 测 $|\boldsymbol{v}_j\rangle$ 的第二个寄存器以看它是否处于量子态 $|\boldsymbol{x}\rangle = U_{\boldsymbol{x}} |0\rangle$. 同时, 通过执行投影测量 $|1\rangle\langle 1|$, 测最后一个量子比特, 看是否处于 $|1\rangle$. 如果测量成功, 丢弃这两个寄存器, 剩下的两个寄存器处于量子态

$$\frac{\sum_{i=1}^{N}\sum_{j=1}^{d} \frac{y_{ij}}{\|\boldsymbol{X}\|_{\mathrm{F}}} \frac{C\beta_j}{\hat{\beta}_j} |i\rangle |j\rangle}{\sqrt{\sum_{i=1}^{N}\sum_{j=1}^{d} \left(\frac{y_{ij}}{\|\boldsymbol{X}\|_{\mathrm{F}}} \frac{C\beta_j}{\hat{\beta}_j}\right)^2}} \approx \frac{\sum_{i=1}^{N}\sum_{j=1}^{d} y_{ij} |i\rangle |j\rangle}{\sqrt{\sum_{i=1}^{N}\sum_{j=1}^{d} y_{ij}^2}} \tag{4.23}$$

上式近似成立是因为 $\beta_j \approx \hat{\beta}_j$(如步骤 (2) 所示), 且式 (4.23) 右侧正好是将式(4.7)代入式(4.5)的结果, 即 $|\psi_e\rangle$. 这意味着最终近似获得并行存储新的低维 (d 维) 数据集 $\{\boldsymbol{y}_i\}_{i=1}^N$ 的量子态 $|\psi_e\rangle$, 即完成所想要的变换(4.5). 由于整个过程是一个线性过程, 该量子算法可以降维原数据集的子集, 即

$$\frac{\sum_{i\in S}|i\rangle\otimes\boldsymbol{x}_i}{\sqrt{\sum_{i\in S}\|\boldsymbol{x}_i\|^2}} \mapsto \frac{\sum_{i\in S}|i\rangle\otimes\boldsymbol{y}_i}{\sum_{i\in S}\sqrt{\|\boldsymbol{y}_i\|^2}} \tag{4.24}$$

其中 $S\subseteq\{1,2,\cdots,N\}$. 更进一步, 对于每一个以量子态 $|\boldsymbol{x}_i\rangle$ 制备的数据点, 可以直接看出该量子算法实现

$$|\boldsymbol{x}_i\rangle \mapsto |\boldsymbol{y}_i\rangle \tag{4.25}$$

而不需要引入第一个寄存器 $|i\rangle$.

到目前为止, 已经完成整个算法描述. 前两个步骤可以看成量子数据降维算法的关键步骤——步骤 (3) 的辅助步骤. 步骤 (3) 的量子电路见图 4.2.

4.2.2 复杂度分析

在步骤 (1) 中, 根据文献 [61] 的结论, 取 $O(1/\varepsilon_\lambda^3)$ 份 ρ 实现量子相位估计算法 [10] 可以确保特征值 λ_j 以误差 ε_λ 被估计. 由于制备一份 ρ 需要 $O(\text{polylog}(ND))$ 的时间制备一份 $|\psi_s\rangle$, 产生量子态式(4.14)需要时间复杂度 $O\left(\text{polylog}(ND)/\varepsilon_\lambda^3\right)$. 此外, 正如步骤 (1) 所提到的, 对量子态式(4.14)采样 $O(d)$ 次可以确保以很高的概率获得每个特征值 λ_j, 以及相应的一份特征向量 $|\boldsymbol{v}_j\rangle$.

在步骤 (2) 中, 基于上述比较自然的假设：对于 $j=1,2,\cdots,d$, $\beta_j=O(1/\sqrt{d})$, 每个 β_j 可以通过 $O(1/\varepsilon_\beta^2)$ 次量子交换测试 [23,57,73] 以 $O(\varepsilon_\beta)$ 的误差被估计. 该过程还消耗 $O(1/\varepsilon_\beta^2)$ 份 $|\boldsymbol{x}\rangle$ 和 $|\boldsymbol{v}_j\rangle$. 产生一份 $|\boldsymbol{x}\rangle$ 花费 $O(\text{polylog}(D))$ 的时间复杂度, 且每次量子交换测试消耗 $O(\log(D))$ 个基本门 [10], 因此在足够份量于步骤 (1) 产生的 $|\boldsymbol{v}_j\rangle$ 条件下, 总的步骤 (2) 运行时间为 $O(d\text{polylog}(D)/\varepsilon_\beta^2)$. 对于步骤 (1),

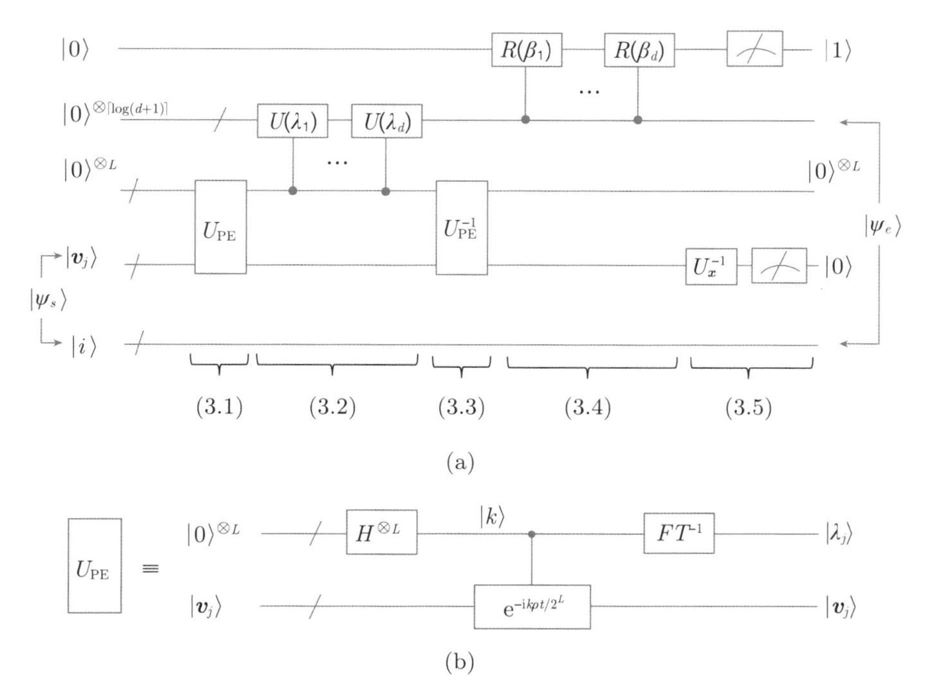

图4.2　(a) 步骤(3)的量子电路，其中酉操作U_{PE}表示相位估计算法,电路见图(b)
酉操作受控$U(\lambda_1)$，…，$U(\lambda_d)$和受控$R(\beta_1)$，…，$R(\beta_d)$，分别对应于$CU(\lambda_1)$，…，$CU(\lambda_d)$和$CR(\beta_1)$，…，$CR(\beta_d)$. 步骤(3)的5个子步骤被标记为(3.1)，(3.2)，…，(3.5). (b) U_{PE}的量子电路，其中H和FT分别表示Hadamard门和量子傅里叶变换[10].

$O(1/\varepsilon_\beta^2)$ 份量子态 $|\boldsymbol{v}_j\rangle$ 蕴含着步骤 (1) 的总的时间复杂度为

$$O\left(\frac{d\text{polylog}(ND)}{\varepsilon_\beta^2\varepsilon_\lambda^3}\right)$$

步骤 (3.1) 和 (3.2) 很明显和步骤 (1) 中产生量子态式(4.14)的过程一致, 因此它们的时间复杂度也是一致的. 在步骤 (3.2) 中, 每个 $CU_j(j=1,2,\cdots,d)$ 花费 $O(\log(1/\varepsilon_\lambda)\log(d+1))$ 个基本门 [10,68], 所以步骤 (3.2) 的时间复杂度为

$$O\left(d\log(1/\varepsilon_\lambda)\log(d+1)\right)$$

根据文献 [68] 的结论, 步骤 (3.4) 的时间复杂度为 $O(d\log(d+1))$. 在步骤 (3.5) 中, 正如步骤 (2) 中的 $U_{\boldsymbol{x}}$, 酉操作 $U_{\boldsymbol{x}}^{-1}$ 需要时间 $O(\text{polylog}(D))$ 实现. 最后, 步骤 (3.5)

中测量的成功概率为

$$\begin{aligned} p &:= \sum_{i=1}^{N}\sum_{j=1}^{d}\left(\frac{y_{ij}}{\|\boldsymbol{X}\|_{\mathrm{F}}}\frac{C\beta_j}{\hat{\beta}_j}\right)^2 \\ &\approx \frac{C^2\|\boldsymbol{Y}\|_{\mathrm{F}}^2}{\|\boldsymbol{X}\|_{\mathrm{F}}^2} \\ &= O(1/d) \end{aligned} \tag{4.26}$$

上面等式成立是因为 $C=O(1/\sqrt{d})$, 且根据式(4.1)和式(4.3),

$$\frac{\|\boldsymbol{Y}\|_{\mathrm{F}}^2}{\|\boldsymbol{X}\|_{\mathrm{F}}^2}=\frac{\sum\limits_{j=1}^{d}\sigma_j^2}{\sum\limits_{j=1}^{D}\sigma_j^2}\geqslant\vartheta=O(1)$$

这意味着, 需要花费 $O(d)$ 次测量才能确保以很高的概率获得 $|\psi_e\rangle$. 重复操作的次数可以通过幅度放大技术 [22] 降低到 $O(\sqrt{d})$.

更进一步, 根据 HHL 算法 [36] 的分析, 生成量子态 $|\psi_e\rangle$ 主要来自对 β_j 求逆. β_j 的估计误差为 $O(\varepsilon_\beta)$, 估计 $1/\beta_j$ 的相对误差为 $O(\varepsilon_\beta/\beta_j)=O(\varepsilon_\beta/\sqrt{d})$, 因此产生最终量子态 $|\psi_e\rangle$ 的误差为 $O(\varepsilon_\beta/\sqrt{d})$. 为了确保最终误差小于 ε, 应该选取 $\varepsilon_\beta=O(\sqrt{d}\varepsilon)$.

基于主成分分析的量子数据降维算法的每步的时间复杂度见表 4.1. 把所有步骤的时间复杂度加起来, 且选取如上所述的 $\varepsilon_\beta=O(\sqrt{d}\varepsilon)$, 则总的时间复杂度为

$$O\left(\epsilon^{-2}\epsilon_\lambda^{-3}\text{polylog}(ND)+d^{3/2}\log(1/\varepsilon_\lambda)\log(d+1)\right)$$

此外, 如果每个 $\lambda_j=O(1/d)$, ε_λ 应该取 $O(1/d)$, 因此总的时间复杂度将为 $O(d^3\text{polylog}(ND)/\varepsilon^2)$. 这意味着当 $d=O(\text{polylog}(D))$ 时, 总的时间复杂度为

$$O(\text{polylog}(N,D))$$

相比时间复杂度为 $O(\text{poly}(N,D))$ 的经典主成分分析算法 [3,5], 该量子算法取得指数

加速优势.

表 4.1 基于主成分分析的量子数据降维算法的每个步骤的时间复杂度. 这里出现在步骤 (3) 中每个子步骤的时间复杂度的因子 $\sqrt{d}$ 对应于步骤 (3.5) 中幅度放大的重复次数

步骤	时间复杂度
(1)	$O(\varepsilon_\beta^{-2}\varepsilon_\lambda^{-3}d\mathrm{polylog}(ND))$
(2)	$O(d\mathrm{polylog}(D)/\varepsilon_\beta^2)$
(3.1)	$O(\sqrt{d}\cdot \mathrm{polylog}(ND)/\varepsilon_\lambda^3)$
(3.2)	$O(\sqrt{d}\cdot d\log(1/\varepsilon_\lambda)\log(d+1))$
(3.3)	$O(\sqrt{d}\cdot \mathrm{polylog}(ND)/\varepsilon_\lambda^3)$
(3.4)	$O(\sqrt{d}\cdot d\log(d+1))$
(3.5)	$O(\sqrt{d}\cdot \mathrm{polylog}(D))$

根据上述分析以及式(4.25)所描述的变换, 容易看出量子数据降维算法能够将高维量子数据集 $\{|\boldsymbol{x}_i\rangle\}_{i=1}^N$ 中每个数据点 $|\boldsymbol{x}_i\rangle$ 高效地转换到对数多项式级别低维的量子数据 $|\boldsymbol{y}_i\rangle$ 中. 这意味着在特定条件下, 该量子算法打破了量子降维 (quantum dimensionality reduction) 的限制 [79]: 高维量子态集的维数不能在保持每对量子态的 2-范数距离的条件下显著降低. 这留下了一个公开问题 [79]: 在多份高维输入量子态给定条件下, 显著的降维是否可行? 该算法给出了正面回答. 如上所述, 通过取对数多项式级别少的输入态 $\{|\boldsymbol{x}_i\rangle\}_{i=1}^N$, 该量子算法能够在很好保持几乎每对输入态 2-范数距离的条件下, 将每个输入态 $|\boldsymbol{x}_i\rangle$ 映射到对数多项式级别低维的量子态 $|\boldsymbol{y}_i\rangle$ 上. 这里, 几乎每对输入态的 2-范数距离能够很好地保持, 这是因为该量子算法基于主成分分析, 确保了对于大多数 $i_1, i_2 \in \{1, 2, \cdots, n\}$ 满足 $\langle \boldsymbol{y}_{i_1}|\boldsymbol{y}_{i_2}\rangle \approx \langle \boldsymbol{x}_{i_1}|\boldsymbol{x}_{i_2}\rangle$. 值得注意的是, 对于任意相同维数的实幅度的两个量子态 $|a\rangle$ 和 $|b\rangle$, $\||a\rangle - |b\rangle\|_2 = \sqrt{2(1-\langle a|b\rangle)}$ 恒成立.

4.3 在量子机器学习中的应用

下面说明基于主成分分析的量子数据降维算法能够被很好地应用于两个知名的量子机器学习算法: 量子支持向量机 (QSVM)[23] 和量子线性回归预测 [57].

4.3.1 量子支持向量机

在机器学习中, 支持向量机是一个很重要的有监督数据分类算法. 给定 N 个训练数据点 $\{(\boldsymbol{x}_i, z_i): \boldsymbol{x}_i \in \mathbb{R}^D, z_i = \pm 1\}_{i=1}^N$, 其中 z_i 标识了数据点 $\boldsymbol{x}_i$ 的类别, 支持向量机的任务就是将一个新的数据点分类到其中某一类. 支持向量机分类器的最小方差解近似为下面线性方程组的解:

$$F\begin{pmatrix} a \\ \boldsymbol{b} \end{pmatrix} = \begin{pmatrix} 0 & \mathbf{1} \\ \mathbf{1} & \boldsymbol{K}+\gamma \boldsymbol{I} \end{pmatrix}\begin{pmatrix} a \\ \boldsymbol{b} \end{pmatrix} = \begin{pmatrix} 0 \\ \boldsymbol{z} \end{pmatrix} \tag{4.27}$$

这里 $\mathbf{1} = (1, \cdots, 1)^{\mathrm{T}}$, $\gamma \in \mathbb{R}$ 为一个常数, 矩阵 $\boldsymbol{K}$ 的元素 $K_{ij} = \boldsymbol{x}_i^{\mathrm{T}}\boldsymbol{x}_j$; $a \in \mathbb{R}$ 且 $\boldsymbol{b} = (b_1, \cdots, b_N)$; $\boldsymbol{z} = (z_1, \cdots, z_N)$. 当获取 a 和 $\boldsymbol{b}$ 之后, 新数据点 $\boldsymbol{x}_0$ 的类别可以被预测为 $z_0 = \mathrm{sgn}\left(\sum_{j=1}^N b_j \boldsymbol{x}_0^{\mathrm{T}} \boldsymbol{x}_j + a\right)$.

按照上述方法, 量子支持向量机算法 [23] 可以被总结为以下步骤, 其相应的量子电路可简单描述为图 4.3.

(1) 假设提供访问训练数据集的量子黑盒记为 $O_{\boldsymbol{x}}$, 量子支持向量机产生多份量子态 $|\chi_1\rangle = \sum_{i=1}^N |i\rangle \otimes \boldsymbol{x}_i \Big/ \sqrt{\sum_{i=1}^N \|\boldsymbol{x}_i\|^2}$.

(2) 通过使用量子矩阵求逆算法 [36], 以及对密度矩阵 $\boldsymbol{K}/\mathrm{Tr}(\boldsymbol{K}) = \mathrm{Tr}_2(|\chi_1\rangle\langle\chi_1|)$ 的求幂技术 [61], 量子支持向量机求解上面的线性方程组, 即公式 (4.27), 产生量子态 $|a, \boldsymbol{b}\rangle = a|0\rangle + \sum_{j=1}^N b_j |j\rangle$, 并利用 $O_{\boldsymbol{x}}$ 进一步产生

$$|\psi_1\rangle = \frac{a|0\rangle \otimes |0\rangle + \sum_{j=1}^N b_j |j\rangle \otimes \boldsymbol{x}_j}{\sqrt{a^2 + \sum_{j=1}^N b_j^2 \|\boldsymbol{x}_j\|^2}}$$

(3) 制备量子态 $|\psi_2\rangle = (|0\rangle \otimes |0\rangle + \sum_{j=1}^N |j\rangle \otimes \boldsymbol{x_0}) / \sqrt{1 + N\|\boldsymbol{x_0}\|^2}$, 通过量子交换测

试获取 $\langle\psi_1|\psi_2\rangle$[23], 因此获取了数据点 $\boldsymbol{x}_0$ 的预测分类 z_0.

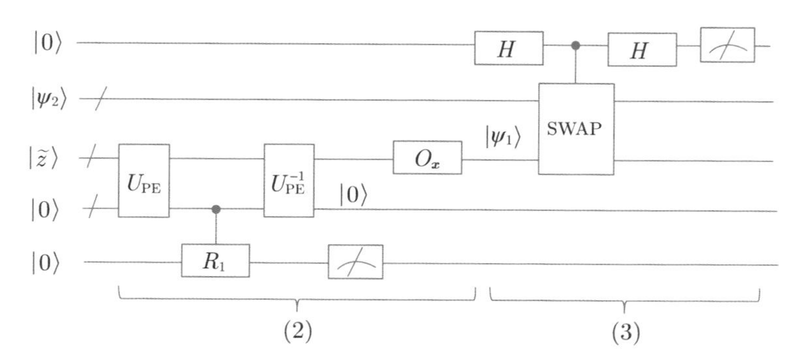

图4.3　量子支持向量机的量子电路

U_{PE}代表相位估计算法，其电路可由图4.2(b)描述，受控的酉矩阵变为$\mathrm{e}^{-\mathrm{i}Ft/\mathrm{Tr}(F)}$除外. 这里量子态 $|\tilde{z}\rangle$对应于式(4.27)右边的单位化形式，受控R_1表示受控旋转以用于步骤(2)以及矩阵求逆[23]，且SWAP对应于SWAP操作. 数字(2)和(3)分别标记步骤(2)和(3).

基于主成分分析的量子数据降维算法能够应用于量子支持向量机以降低数据维度. 特别地, 在步骤 (1) 中, 该量子算法将量子态 $|\chi_1\rangle$ 转换到另一个量子态 $|\chi_1'\rangle=\sum_{i=1}^{N}|i\rangle\otimes\boldsymbol{y}_i/\|Y\|_{\mathrm{F}}$, 其中 $\boldsymbol{y}_i$ 是高维数据 $\boldsymbol{x}_i$ 通过主成分分析降维之后的低维数据. 此外, 步骤 (2) 将对编码了低维数据 $\{\boldsymbol{y}_1,\cdots,\boldsymbol{y}_N\}$ 的密度算子 $\mathrm{Tr}_2(|\chi_1'\rangle\langle\chi_1'|)$ 求幂, 且量子态 $|\psi_1\rangle$ 中的 $\boldsymbol{x}_j$ 将被替换为 $\boldsymbol{y}_j$. 最后, 在步骤 (3) 中, $\boldsymbol{x}_0$ 将被投影到低维空间, 以获得低维数据点 $\boldsymbol{y}_0$ 存储于量子态 $|\psi_2\rangle$, 且 $\boldsymbol{y}_0$ 也可以通过量子交换测试被成功分类.

4.3.2　量子线性回归预测

线性回归是另一个有监督机器学习任务. 给定 N 个训练数据点, 为了方便起见, 仍然记它们为 $\{(\boldsymbol{x}_i,z_i)|\boldsymbol{x}_i\in\mathbb{R}^D,z_i\in\mathbb{R}\}_{i=1}^N$. 线性回归的目标为构建一个线性模型 (函数)$f(x)=\boldsymbol{x}^{\mathrm{T}}\boldsymbol{w}$, 使得该函数能够很好地描述输入 $\boldsymbol{x}_i$ 和输出 z_i 的线性关系, 并利用该模型预测新数据 $\boldsymbol{x}_0$ 的输出 $z_0=f(\boldsymbol{x}_0)$. 使用最小二乘法, 该模型的最佳拟合参数为 $\boldsymbol{w}=(\boldsymbol{X}^{\mathrm{T}}\boldsymbol{X})^{-1}\boldsymbol{X}^{\mathrm{T}}\boldsymbol{z}$, 其中 $\boldsymbol{X}=(\boldsymbol{x}_1,\cdots,\boldsymbol{x}_N)^{\mathrm{T}}$, 以及 $\boldsymbol{z}=(z_1,\cdots,z_N)$. 因此, $z_0=\boldsymbol{w}^{\mathrm{T}}\boldsymbol{x}_0$. 取 $\boldsymbol{X}$ 的奇异值分解形式: $\boldsymbol{X}=\sum_{j=1}^{R}\sigma_j\,|\boldsymbol{u}_j\rangle\langle\boldsymbol{v}_j|$, 其中 R 是 $\boldsymbol{X}$ 的秩. 因此

$$z_0 = \sum_{j=1}^{R} \sigma_j^{-1} \boldsymbol{x}_0^{\mathrm{T}} |\boldsymbol{v}_j\rangle \langle \boldsymbol{u}_j| \boldsymbol{z}.$$

2016 年, Schuld 等人提出了一个实现上述任务的量子线性回归预测算法 [57], 其中为了方便, $\|\boldsymbol{X}\|_{\mathrm{F}}$, $\|\boldsymbol{z}\|$ 和 $\|\boldsymbol{x}_0\|$ 均假设为 1. 算法可以总结为下面三个步骤, 且对应的量子电路见图 4.4.

(1) 假设提供访问训练数据集的量子黑盒记为 $O_{\boldsymbol{x}}$, 量子线性回归预测算法 [57] 产生初始量子态 $|\chi_2\rangle = \sum_{i=1}^{N} \boldsymbol{x}_i \otimes |i\rangle / \sqrt{N} = \sum_{j=1}^{R} \sigma_j |\boldsymbol{v}_j\rangle |\boldsymbol{u}_j\rangle$;

(2) 使用量子矩阵求逆方法 [36], 以及密度算子 $\mathrm{Tr}_2(|\chi_2\rangle\langle\chi_2|)$ 的求幂技术 [57], 算法将 $|\chi_2\rangle$ 转换到另一个量子态 $|\phi_1\rangle \propto \sum_{j=1}^{R} 1/\sigma_j |\boldsymbol{v}_j\rangle |\boldsymbol{u}_j\rangle$;

(3) 制备量子态 $|\phi_2\rangle = |\boldsymbol{x}_0\rangle |\boldsymbol{z}\rangle$, 其中 $|\boldsymbol{z}\rangle$ 为 $\boldsymbol{z}$ 归一化之后的量子态形式. 然后通过量子交换测试且附加一个量子比特, 估计 $\langle\phi_1|\phi_2\rangle \propto z_0$ 以预测 $|\boldsymbol{x}_0\rangle$ 的输出 [57].

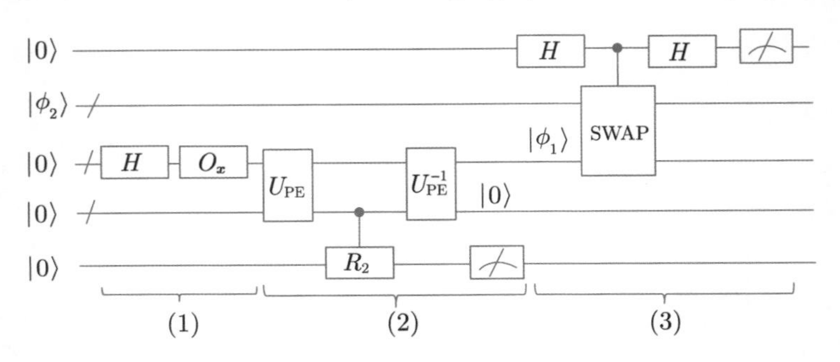

图4.4　量子线性回归算法的量子电路

U_{PE}也是图4.2(b)所指的相位估计算法，且对应的酉操作为$\mathrm{e}^{-\mathrm{i}\mathrm{Tr}_2(|\chi_2\rangle\langle\chi_2|)t}$. 同样地，受控$R_2$也代表步骤(2)中矩阵求逆操作过程[36,57]中的受控旋转操作. 数字(1)~(3)对应于上述三个步骤.

基于主成分分析的量子数据降维算法也可以被用于上述量子线性回归预测中. 在第 (1) 步中, 通过量子数据降维算法, 量子态 $|\chi_2\rangle$ 被变换到 $|\chi_2'\rangle \propto \sum_{i=1}^{N} \boldsymbol{y}_i \otimes |i\rangle$, 其中 $\boldsymbol{y}_i$ 是 $\boldsymbol{x}_i$ 经过主成分分析映射之后的低维数据. 步骤 (2) 将取编码了低维数据集 $\{\boldsymbol{y}_1, \cdots, \boldsymbol{y}_N\}$ 的密度矩阵 $\mathrm{Tr}_2(|\chi_2'\rangle\langle\chi_2'|)$, 且将 $|\chi_2'\rangle$ 转换到 $|\phi_1'\rangle$. 在最后一步中, 通过量子数据降维算法, 利用 $|\phi_2\rangle$ 生成量子态 $|\phi_2'\rangle := |\boldsymbol{y}_0\rangle |\boldsymbol{z}\rangle$, 其中 $|\boldsymbol{y}_0\rangle$ 是低维数据点 $\boldsymbol{x}_0$ 归一化后的量子态. 正如预测 $\boldsymbol{x}_0$ 那样, $|\phi_2'\rangle$ 和 $|\phi_1'\rangle$ 被带入到量子交换测试中以预测 $|\boldsymbol{y}_0\rangle$ 的标签.

除了上述两个例子, 量子数据降维算法还能够被用于其他量子机器学习算法中以降低数据维数, 使其避免陷入“维数灾难”.

本章小结

本章介绍了一个基于主成分分析的量子数据降维算法. 该算法能够以量子并行的方式将一个高维数据集映射到低维空间且获得相应的低维数据集. 当低维空间的维数为原高维空间的维数的对数多项式级时, 该量子算法相对经典主成分分析算法具有指数加速优势. 降维后的低维数据可以被进一步用于执行其他机器学习任务, 且需要消耗更低的量子资源. 举例来说, 该量子算法能够被用于两个知名量子机器学习算法：量子支持向量机和量子线性回归预测, 以降低数据维度. 这表明该量子算法在解决某些机器学习问题上能够很好地适用于量子机器学习, 使其能够克服“维数灾难”. 由于许多线性或者非线性降维算法基于主成分分析, 该量子算法可能启发更多的大数据背景下的量子数据降维算法.

5

第5章

量子岭回归算法

在前两章针对关联规则挖掘和数据降维的量子算法基础上, 本章再针对另外一类非常重要的数据挖掘技术——岭回归 (Ridge Regression) 介绍相应的量子算法. 岭回归是一般线性回归 (Ordinary Linear Regression) 的扩展, 通过对一般线性回归引入一定量的参数规范化 (该量称为岭回归参数, 记为 α), 使得岭回归能够很好地分析具有多重共线性的数据. 然而, 高效地确定该参数是岭回归的一个关键但较难的问题. 本章介绍一个旨在解决该问题的量子岭回归算法. 该算法利用能够并行模拟多个哈密顿量的并行哈密顿量模拟技术, 发展出一个能够高效评估岭回归预测性能的量子 K 重交叉验证方法. 首先, 利用量子 K 重交叉验证方法高效地确定岭回归参数 α, 然后产生一个幅度上编码该岭回归参数 α 下的岭回归拟合参数的量子态, 该量子态可以被进一步用于高效地预测新数据. 由于使用了非正定稠密哈密顿量模拟技术 [19] 作为子步骤, 该量子算法能够高效处理非稀疏数据矩阵. 复杂度分析表明：当设计矩阵具有较小元素和条件数时, 该量子算法相对经典算法具有指数加速效果.

本章的内容安排：5.1 节介绍经典岭回归的基本概念和算法过程; 5.2 节介绍量子岭回归算法, 包括它的两个子算法及其复杂度分析; 最后对本章进行总结.

5.1 经典岭回归回顾

线性回归是数据挖掘和机器学习中最重要的任务之一, 在生物、社会学和金融等许多科学领域具有重要的应用 [4]. 在该任务中, 给定 N 个数据点 $(\boldsymbol{x}_i, y_i)_{i=1}^N$, 其中 $\boldsymbol{x}_i = (x_{i1}, \cdots, x_{iM})^{\mathrm{T}} \in \mathbb{R}^M$ 是具有 M 个自变量 (输入变量) 的向量, $y_i \in \mathbb{R}$ 是常数因变量 (输出变量). 线性回归假设 $\boldsymbol{x}_i$ 和 y_i 线性相关, 且为了拟合该线性关系, 构建一个线性函数 $f(\boldsymbol{x}) = \boldsymbol{w}^{\mathrm{T}}\boldsymbol{x}$, 使得 $f(\boldsymbol{x}_i)$ 尽可能地接近 y_i. 这里, $\boldsymbol{w} = (w_1, \cdots, w_M)^{\mathrm{T}}$ 称为该线性函数的*拟合参数*. 需要强调的是, $\boldsymbol{x}$ 可为将非线性函数 (如多项式函数) 作用在原数据后产生的新数据, 这使得线性回归能够拟合非线性函数.

线性回归最简单的模型为一般线性回归, 其最优拟合参数通过最小误差平方和的最小二乘法产生:

$$\boldsymbol{w} = (\boldsymbol{X}^{\mathrm{T}}\boldsymbol{X})^{-1}\boldsymbol{X}^{\mathrm{T}}\boldsymbol{y} \tag{5.1}$$

这里 $\boldsymbol{y} = (y_1, \cdots, y_N)^{\mathrm{T}}$, 且 $\boldsymbol{X} = (\boldsymbol{x}_1, \cdots, \boldsymbol{x}_N)^{\mathrm{T}}$ 称为*设计矩阵* (design matrix). 然而, 当数据点自变量存在多重共线性, 使得 $\boldsymbol{X}^{\mathrm{T}}\boldsymbol{X}$ 不可逆 (或者很难可逆) 或者遭遇过拟合时, 一般线性回归在实际应用中远不能令人满意 [4,80,81]. 因此, 当一般线性回归模型在实际中应用时, 这两个困难将相当程度地限制该模型的有效性. 为了克服它们, Hoerl 等人提出了岭回归模型 [80]. 岭回归是一般线性回归的扩展, 和一般线性回归不同的是, 岭回归引入 $\boldsymbol{w}$ 的规范化到一般线性回归中, 使其最终的最优拟合参数为

$$\boldsymbol{w} = \arg\min_{\boldsymbol{w}} \sum_{i=1}^{N} |f(\boldsymbol{x}_i) - y_i|^2 + \alpha\|\boldsymbol{w}\|^2$$

$$= (\boldsymbol{X}^{\mathrm{T}}\boldsymbol{X} + \alpha\boldsymbol{I})^{-1}\boldsymbol{X}^{\mathrm{T}}\boldsymbol{y} \tag{5.2}$$

其中 α 记为岭回归参数, $\boldsymbol{I}$ 为单位矩阵, $\|\boldsymbol{w}\|$ 为任意向量 $\boldsymbol{w}$ 的 2-范数. 很显然, 一般线性回归是岭回归在 $\alpha = 0$ 下的特例. 将 $\boldsymbol{X}$ 写成约化奇异值分解 [82] 形式:

$$\boldsymbol{X} = \sum_{j=1}^{R} \lambda_j |\boldsymbol{u}_j\rangle\langle\boldsymbol{v}_j| \tag{5.3}$$

其中 R 为 $\boldsymbol{X}$ 的秩, λ_j 为非负奇异值, $|\boldsymbol{u}_j\rangle$ ($|\boldsymbol{v}_j\rangle$) 为相应的左 (右) 奇异向量. 因此 $\boldsymbol{y}/\|\boldsymbol{y}\|$ 可写成 $|\boldsymbol{u}_j\rangle$ 的一个线性组合, 即 $\boldsymbol{y}/\|\boldsymbol{y}\| = \sum\limits_j \beta_j|\boldsymbol{u}_j\rangle$, 且 $\boldsymbol{w}$ 可以重新写成依赖于 α 的更简洁形式:

$$\boldsymbol{w} = \sum_{j=1}^{R} \frac{\lambda_j}{\lambda_j^2 + \alpha}\beta_j\|\boldsymbol{y}\||\boldsymbol{v}_j\rangle \tag{5.4}$$

在获得 $\boldsymbol{w}$ 之后, 可以通过计算 $\tilde{y} = \boldsymbol{w}^{\mathrm{T}}\tilde{\boldsymbol{x}}$ 获得任意给定新的输入 $\tilde{\boldsymbol{x}}$ 所对应的输出. 因此, 所有训练数据的预测误差平方和为

$$\begin{aligned}\|\boldsymbol{X}\boldsymbol{w} - \boldsymbol{y}\|^2 &= \|\boldsymbol{y}\|^2 \left[\sum_{j=1}^{R}\left(1 - \frac{\lambda_j^2}{\lambda_j^2 + \alpha}\right)^2 \beta_j^2 + \sum_{j=R+1}^{N}\beta_j^2\right] \\ &\geqslant \|\boldsymbol{y}\|^2 \left[1 - \Lambda(2 - \Lambda)\left(\sum_{j=1}^{R}\beta_j^2\right)\right]\end{aligned} \tag{5.5}$$

其中 $\sum\limits_{j=R+1}^{N}\beta_j^2 = 1 - \left(\sum\limits_{j=1}^{R}\beta_j^2\right)$, $\Lambda = \max\limits_{j=1,\cdots,R}\dfrac{\lambda_j^2}{\lambda_j^2 + \alpha}$, 且 $0 < \Lambda < 1$. 当 $\sum\limits_{j=1}^{R}\beta_j^2$ 很小时, 该误差平方和将会很大, 意味着模型构建得比较差; 否则, 误差平方和比较小, 模型构建得很好. 因此, 当岭回归模型被很好地构建时, $\boldsymbol{y}/\|\boldsymbol{y}\|$ 在 $\{|\boldsymbol{u}_j\rangle\}_{j=1}^{R}$ 张成的空间的支持度 $\sum\limits_{j=1}^{R}\beta_j^2$ 很大 (接近于 1).

因此, 找出一个好的岭回归参数 α, 使得岭回归在该岭回归参数下具有较好的预测性能并算出相应的最优拟合参数 $\boldsymbol{w}$, 具有重要意义.

5.2 量子算法

到目前为止, 研究人员提出一系列针对线性回归的量子算法. 以 HHL 算法 [36] 为基础, Wiebe 等人首次提出了能够高效确定一般线性回归拟合质量的量子算法 [55], 其中的设计矩阵是一个可由指数级大小数据集构建的行稀疏矩阵. 它们的结果后来被 Liu 和 Zhang 改进, 且被直接扩展到岭回归 [56]. 再后来, 不同于前面只在设计矩阵稀疏时才高效的量子线性回归算法 [55,56], Schuld 等人提供了一个能够高效处理低秩非稀疏设计矩阵的量子线性回归预测算法 [57]. 更近一些, Wang 设计了一个在标准黑盒模型下工作的量子线性回归算法 [58], 该算法能够高效地输出最优拟合参数 $\boldsymbol{w}$ 的经典形式. 然而, 除了 Liu 和 Zhang 的初步尝试 [56], 几乎所有这些量子线性回归算法都是基于一般线性回归而非岭回归, 因此它们无法克服上一节所提到的自变量多重共线性和过拟合现象.

为了更深入地探究量子计算机如何实现岭回归, 以及相对经典计算机在解决相同问题时达到何种加速程度, 本节接下来将介绍一个较为全面的量子岭回归算法. 受到已经被广泛用于评估许多机器学习算法 [4,86] 预测能力的 K 重交叉验证技术 [81] 的启发, 本章介绍它的量子版本, 即量子 K 重交叉验证, 以高效评估岭回归预测能力. 该量子算法将使用量子 K 重交叉验证技术找到岭回归的一个很好的 α, 然后产生一个编码该 α 下的岭回归最优拟合参数的量子态. 和之前大多要求设计矩阵稀疏的量子线性回归算法不同, 该量子算法能够很好地处理非稀疏设计矩阵. 更进一步, 在设计矩阵具有较小元素和条件数时, 该量子算法相对经典算法具有指数加速效果.

量子岭回归算法包括 2 个子算法: 产生编码最优拟合参数 $\boldsymbol{w}$ (式(5.2)或式(5.4)) 的量子态的子算法 1 和找出较好 α 的子算法 2. 整个算法假设已经存在可以分别以时间 $O(\text{polylog}(MN))$ 和 $O(\text{polylog}(N))$ 高效访问的设计矩阵 $\boldsymbol{X}$ 和向量 $\boldsymbol{y}$ 中元素

的量子黑盒

$$O_{\boldsymbol{X}}: |j\rangle|k\rangle|0\rangle \mapsto |j\rangle|k\rangle|x_{jk}\rangle \tag{5.6}$$

和

$$O_{\boldsymbol{y}}: |j\rangle|0\rangle \mapsto |j\rangle|y_j\rangle \tag{5.7}$$

当 $\boldsymbol{X}$ 和 $\boldsymbol{y}$ 中每个元素可以被高效计算或者存储于量子随机寄存器 [69] 时, 这个假设可以很自然地成立. 一般来说, 矩阵 $\boldsymbol{X}$ 不会有很大形变, 且 $\|\boldsymbol{X}\|_{\max}$ 和 $\|\boldsymbol{y}\|_{\max}$ 也不会很大, 因此该算法在后文将假设 $M=\Theta(N)$, 且 $\|\boldsymbol{X}\|_{\max}, \|\boldsymbol{y}\|_{\max}=\Theta(1)$.

5.2.1 子算法 1: 产生编码最优拟合系数的量子态

首先介绍一个量子算法 (子算法 1), 该算法产生一个量子态, 其幅度以误差 ε 近似 $\boldsymbol{w}$ 的归一化形式. 从式(5.4)可以很容易看出, 要想获得 $\boldsymbol{w}$, 需要对 $\boldsymbol{X}$ 执行奇异值分解. 为了实现该分解, 采用最近提出的非稀疏厄米矩阵模拟技术 [19]. 给定一个厄米矩阵 $\boldsymbol{A} \in \mathbb{C}^{N\times N}$, 以及访问该矩阵元素的量子黑盒, 通过将 $\boldsymbol{A}$ 嵌入到一个更大的 1-稀疏厄米矩阵, 能够以运行时间 $O\left(\text{polylog}(N)t^2\|A\|_{\max}^2/\varepsilon\right)$ 模拟酉矩阵 $\mathrm{e}^{\frac{-\mathrm{i}At}{N}}$ 至误差 ε, 其中 $\|\boldsymbol{A}\|_{\max} := \max\limits_{ij}|A_{ij}|$. 然而, 由于 $\boldsymbol{X}$ 一般情况下不是厄米矩阵, 现将其扩展到一个大的厄米矩阵

$$\tilde{\boldsymbol{X}} = \begin{bmatrix} 0 & \boldsymbol{X} \\ \boldsymbol{X}^{\mathrm{T}} & 0 \end{bmatrix} \in \mathbb{R}^{(N+M)\times(N+M)} \tag{5.8}$$

该矩阵具有 $2R$ 个非零特征值 $\{\pm\lambda_j\}_{j=1}^R$, 以及对应的归一化特征向量 $\{|\boldsymbol{u}_j, \pm\boldsymbol{v}_j\rangle\}_{j=1}^R$. 这里 $|\boldsymbol{u}_j, \pm\boldsymbol{v}_j\rangle := (|0,\boldsymbol{u}_j\rangle \pm |1,\boldsymbol{v}_j\rangle)/\sqrt{2} \in \mathbb{R}^{N+M}$, 其中

$$|0,\boldsymbol{u}_j\rangle = \begin{bmatrix} |\boldsymbol{u}_j\rangle \\ \boldsymbol{0} \end{bmatrix}, \quad |1,\boldsymbol{v}_j\rangle = \begin{bmatrix} \boldsymbol{0} \\ |\boldsymbol{v}_j\rangle \end{bmatrix} \tag{5.9}$$

不失一般性, 假设 $\frac{\lambda_j}{N+M} \in [1/\kappa, 1]$, 其中 κ 是 $\boldsymbol{X}$ 的条件数 (即 $\boldsymbol{X}$ 的最大奇异值和最小奇异值的比值). 此外, 从式 (5.4)可以很容易看出, 太小的 α 将使得岭回归退化到一般线性回归, 太大的 α 使得最优拟合参数接近于 0, 因此需选择满足 $\Theta\left((N+M)^2/\kappa^2\right) \leqslant \alpha \leqslant \Theta\left((N+M)^2\right)$ 的 α.

子算法 1 的整个过程按照如下步骤执行, 且相应的量子电路图见图 5.1.

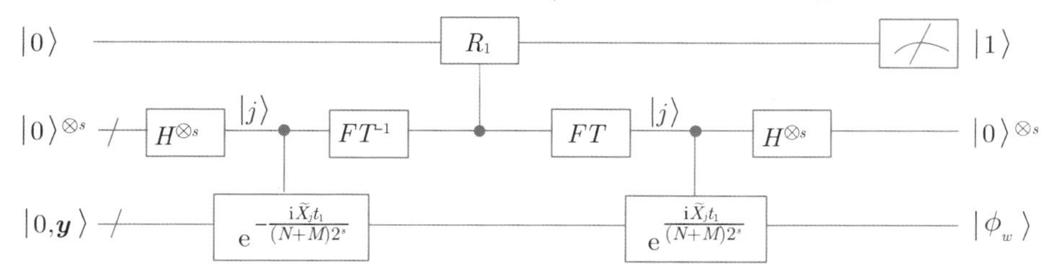

图5.1　子算法1的量子电路

"/" 记为一串量子比特，H为Hadamard操作[10]，FT为量子傅里叶变换[10]，s为步骤(2)相位估计中存储 $\frac{\tilde{X}}{N+M}$ 特征值的量子比特数，受控R_1为步骤(3)中的受控旋转操作.

(1) 通过直接扩展 $|\boldsymbol{y}\rangle := \boldsymbol{y}/\|\boldsymbol{y}\|$ 制备一个 $N+M$ 维量子态 $|0,\boldsymbol{y}\rangle = \left(|\boldsymbol{y}\rangle^{\mathrm{T}}, \boldsymbol{0}\right)^{\mathrm{T}}$.

这里假设 $|\boldsymbol{y}\rangle$ 可在 $O(\mathrm{polylog}(N))$ 时间内高效制备. 如附录 A.1 所示, 当 $\boldsymbol{y}$ 平衡 (balanced)[58], 即

$$\sum_j |\boldsymbol{y}_j|^2/(N\|\boldsymbol{y}\|_{\max}^2) = \Omega(1)$$

时, $|\boldsymbol{y}\rangle$ 可通过访问 $O_{\boldsymbol{y}}$ 在 $O(\mathrm{polylog}(N))$ 时间内高效产生. 此外, 当 $\sum_{i=i_1}^{i_2} |\boldsymbol{y}_i|^2$ 对任意两个整数 i_1, i_2 可高效计算时, $|\boldsymbol{y}\rangle$ 也可以被高效制备 [83].

(2) 增加另一个寄存器 $|0\cdots0\rangle$, 通过模拟 $\mathrm{e}^{\frac{-\mathrm{i}\tilde{\boldsymbol{X}}t_1}{N+M}}$ 执行相位估计, 以量子并行方式获得 $\frac{\tilde{\boldsymbol{X}}}{N+M}$ 的特征值和特征向量:

$$\sum_{j=1}^{R} \beta_j \left|\boldsymbol{u}_j, \pm\boldsymbol{v}_j\right\rangle \left|\frac{\pm\lambda_j}{N+M}\right\rangle / \sqrt{2} \tag{5.10}$$

这里假设 $|\boldsymbol{y}\rangle$ 落在 $\{|\boldsymbol{u}_j\rangle\}_{j=1}^R$ 张成的子空间内, 即 $|\boldsymbol{y}\rangle = \sum_{j=1}^{R} \beta_j |\boldsymbol{u}_j\rangle$, 且满足 $\sum_{j=1}^{R} \beta_j^2 = 1$.

因此 $|0,\boldsymbol{y}\rangle=\sum_{j=1}^{R}\beta_j|0,\boldsymbol{u}_j\rangle=\sum_{j=1}^{R}\beta_j|\boldsymbol{u}_j,\pm\boldsymbol{v}_j\rangle/\sqrt{2}$. 在更一般的情况下, 如果 $|\boldsymbol{y}\rangle$ 并没有落在子空间 $\{|\boldsymbol{u}_j\rangle\}_{j=1}^{R}$ 内, 式 (5.10)所示量子态将为

$$\sum_{j=1}^{R}\beta_j\left|\boldsymbol{u}_j,\pm\boldsymbol{v}_j\right\rangle\left|\frac{\pm\lambda_j}{N+M}\right\rangle/\sqrt{2}+\sum_{j=R+1}^{N}\beta_j\left|0,\boldsymbol{u}_j\right\rangle\left|0\cdots 0\right\rangle \tag{5.11}$$

尽管如此, 可以将式(5.11)所示的量子态高效地转换到式(5.10)所示的量子态：首先, 引入一个额外量子比特 $|0\rangle$, 且当第二个寄存器 (特征值寄存器) 所存储的特征值非零时, 将该量子比特旋转到量子态 $|1\rangle$, 然后对该量子比特进行测量以获得测量结果 $|1\rangle$. 如 5.1 节所讨论的那样, 测量成功概率为 $\sum_{j=1}^{R}\beta_j^2\approx 1$, 因此该变换是十分高效的. 测量成功后, 通过对 $j=1,\cdots,R$ 设置 $\beta_j\leftarrow\beta_j\Big/\sqrt{\sum_{j=1}^{R}\beta_j^2}$, 将获得式(5.10)所示的量子态.

(3) 增加一个量子比特, 且受控于 $\left|\frac{\pm\lambda_j}{N+M}\right\rangle$, 将其从 $|0\rangle$ 旋转到

$$\sqrt{1-C_1^2h^2(\pm\lambda_j,\alpha)}|0\rangle+C_1h(\pm\lambda_j,\alpha)|1\rangle$$

其中

$$h(\lambda,\alpha):=\frac{(N+M)\lambda}{\lambda^2+\alpha}$$

且 $C_1=O\left(\max_{\lambda_j}h(\lambda_j,\alpha)\right)^{-1}$. 这里 $h(\lambda_j,\alpha)$ 的最大值和 C_1 取决于 α 的选择, 但是对于所有可能的 α, 均满足 $C_1h(\lambda_j,\alpha)=\Omega(1/\kappa)$; 更详细的分析见附录 A.2. 之后, 通过执行相位估计逆操作获得

$$\sum_{j=1}^{R}\beta_j\left|\boldsymbol{u}_j,\pm\boldsymbol{v}_j\right\rangle\left[\sqrt{1-C_1^2h^2(\pm\lambda_j,\alpha)}|0\rangle+C_1h(\pm\lambda_j,\alpha)|1\rangle\right] \tag{5.12}$$

(4) 测量最后一个量子比特以得到 $|1\rangle$, 并将第一个寄存器投影到 $\boldsymbol{v}_j$ 部分, 因此

第一寄存器的最终态近似等于

$$|\phi_{\boldsymbol{w}}\rangle := \frac{\sum_{j=1}^{R} C_1 \beta_j h(\lambda_j, \alpha) |\boldsymbol{v}_j\rangle}{\sqrt{\sum_{j=1}^{R} C_1^2 \beta_j^2 h^2(\lambda_j, \alpha)}} \propto \boldsymbol{w} \tag{5.13}$$

该量子态等比例于式(5.2)和式(5.4). 得到 $|1\rangle$ 的概率为 $\sum_{j=1}^{R} C_1^2 \beta_j^2 h^2(\lambda_j, \alpha) = \Omega(1/\kappa^2)$. 这意味着 $O(\kappa^2)$ 次重复测量可以以很大概率获得最终想要的量子态, 且能够只通过 $O(\kappa)$ 次幅度放大迭代 [22] 进行改进.

给定一个新输入数据 $\tilde{\boldsymbol{x}}$ 的量子态形式 $|\tilde{\boldsymbol{x}}\rangle$, 子算法 1 获得的量子态 $|\phi_{\boldsymbol{w}}\rangle$ 可以通过量子交换测试估计 $|\tilde{\boldsymbol{x}}\rangle$ 和 $|\phi_{\boldsymbol{w}}\rangle$ 内积 $\langle\phi_{\boldsymbol{w}}|\tilde{\boldsymbol{x}}\rangle$, 以预测 $\tilde{\boldsymbol{x}}$ 相应的输出 $\tilde{\boldsymbol{y}} = \boldsymbol{w}^{\mathrm{T}}\tilde{\boldsymbol{x}}$.

5.2.2 子算法 1 的复杂度分析

很显然, 子算法 1 的复杂度主要来自相位估计和幅度放大. 在步骤 (2) 中, 特征值 $\pm\frac{\lambda_j}{N+M} \in \pm[1/\kappa, 1]$ 通过相位估计能够被估计至误差 $O(1/t_1)$. 因此, 估计 $h(\pm\lambda_j, \alpha)$ 的相对误差在 α 所有可能选择范围下均为 $O(\kappa/t_1)$, 但其实际大小还是取决于 α 的选择, 详细分析见附录 A.2. 因此, 为了确保最后目标量子态能够以误差 ε 近似 $|\phi_{\boldsymbol{w}}\rangle$, 应该取 $t_1 = O(\kappa/\varepsilon)$. 类似的分析可见 HHL 算法 [36]. 根据文献 [19], 相位估计的时间复杂度为 $O(\|\boldsymbol{X}\|_{\max}^2 \mathrm{polylog}(N+M)\kappa^2/\varepsilon^3)$. 将幅度放大考虑在内, 产生 $|\phi_{\boldsymbol{w}}\rangle$ 总的时间复杂度为 $O(\|\boldsymbol{X}\|_{\max}^2 \mathrm{polylog}(N+M)\kappa^3/\varepsilon^3)$. 由于

$$\mathrm{Tr}(\boldsymbol{X}^{\mathrm{T}}\boldsymbol{X}) = \sum_{j=1}^{R} \lambda_j^2 = \sum_{ij} x_{ij}^2 \leqslant NM\|\boldsymbol{X}\|_{\max}^2 \tag{5.14}$$

$\lambda_j \in \left[\frac{N+M}{\kappa}, N+M\right]$, $M = \Theta(N)$, 以及 $\|\boldsymbol{X}\|_{\max} = \Theta(1)$, 有 $\frac{R}{\kappa^2} \leqslant \frac{NM\|\boldsymbol{X}\|_{\max}^2}{(N+M)^2}$, 因此 $\boldsymbol{X}$ 的秩 R 满足 $R = O(\kappa^2)$.

最好的经典岭回归算法的时间复杂度为 $O\left(NM + N^2 R \log\left(\frac{R}{\varepsilon}\right)/\varepsilon^2\right)$ [84]. 假设 $M = \Theta(N)$, $\|\boldsymbol{X}\|_{\max} = \Theta(1)$, 并令 $1/\varepsilon = O(\mathrm{polylog}(N))$, 则子算法 1 的时间复杂

度为 $O(\text{polylog}(N)\kappa^3)$, 而经典算法的时间复杂度为 $\tilde{O}(\text{polylog}(N)N^2R)$, 这里为了简洁, $\tilde{O}$ 用于表示去掉相对较小规模量 $\log(R/\varepsilon)$. 当 κ 满足 $\kappa=O(\sqrt{N})$, 且已经大到可以使得 $\boldsymbol{X}$ 具有或者近似具有满秩, 即 $R=O(N)$ 时, 子算法 1 的时间复杂度为 $O(\text{polylog}(N)N^{3/2})$, 而经典算法为 $\tilde{O}(\text{polylog}(N)N^3)$. 因此, 子算法 1 相对经典算法取得平方或者近似平方加速. 更重要的是, 当 κ 小到满足 $\kappa=\text{polylog}(N)$ 时, $\boldsymbol{X}$ 是低秩的 ($R=\text{polylog}(N)$), 这时子算法 1 具有时间复杂度 $O(\text{polylog}(N))$, 而经典算法的时间复杂度为 $\tilde{O}(\text{polylog}(N)N^2)$. 因此, 子算法 1 在这种情况下相对经典算法具有指数加速优势.

Liu 和 Zhang 的量子岭回归算法的时间复杂度为 $O\left(\log(N+M)s^2\kappa_R^3/\varepsilon^2\right)$[56], 其中 s 为设计矩阵的稀疏度, $\kappa_R=\max\left\{1,\dfrac{\sqrt{\alpha}}{N+M}\right\}\Big/\min\left\{1/\kappa,\dfrac{\sqrt{\alpha}}{N+M}\right\}=O(\kappa)$ (这里需要注意的是 Liu 和 Zhang 的算法中设计矩阵的奇异值在 $[1/\kappa,1]$ 范围内, 而算法中的设计矩阵奇异值被假设在范围 $[(N+M)/\kappa,N+M]$ 内). 与 Liu 和 Zhang 的量子岭回归算法相比, 子算法 1 的时间复杂度在参数 κ 上具有相同的复杂度依赖, 而在参数 ε 上稍差些, 因为相差一个因子 ε^{-1}. 然而, 子算法 1 的时间复杂度不依赖于稀疏度参数 s, 这使得子算法 1 能够高效处理非稀疏设计矩阵, 且当 $s=O(N)$, $\kappa,1/\varepsilon=O(\text{polylog}(N))$ 时, 比 Liu 和 Zhang 的算法具有指数加速优势.

与 Liu 和 Zhang 的算法一样, 子算法 1 能够使输出 $\boldsymbol{w}$ 变成 $|\boldsymbol{w}\rangle$ 的放缩比例参数 $\|\boldsymbol{w}\|^2$. 从式(5.4)可以看到

$$\begin{aligned}\|\boldsymbol{w}\|^2&=\sum_{j=1}^{R}\left(\frac{\lambda_j}{\lambda_j^2+\alpha}\right)^2\beta_j^2\|\boldsymbol{y}\|^2\\&=\sum_{j=1}^{R}\frac{h^2(\lambda_j,\alpha)\beta_j^2\|\boldsymbol{y}\|^2}{(N+M)^2}\\&=\frac{P\|\boldsymbol{y}\|^2}{C_1^2(N+M)^2}\end{aligned}\tag{5.15}$$

其中 $P=\sum\limits_{j=1}^{R}C_1^2\beta_j^2h^2\left(\lambda_j,\alpha\right)=\varOmega(1/\kappa^2)$ 表示子算法 1 步骤 (4) 的测量成功概率. 正如附录 A.1 中估计 $\|\boldsymbol{y}\|^2$ 那样, P(及 $\|\boldsymbol{w}\|^2$) 可以通过幅度估计 [22] 重复执行

$$O\left(\sqrt{\frac{1-P}{P}\frac{1}{\varepsilon}}\right)=O\left(\frac{\kappa}{\varepsilon}\right)$$

次步骤 (1)~(3), 使其被估计至相对误差 (relative error)ε. 如上所述, 由于每次重复的运行时间主要由相位估计决定, 即 $O(\|\boldsymbol{X}\|_{\max}^2\text{polylog}(N+M)\kappa^2/\varepsilon^3)$, $\|\boldsymbol{w}\|^2$ 可以在 $O(\|\boldsymbol{X}\|_{\max}^2\text{polylog}(N+M)\kappa^3/\varepsilon^4)$ 时间内被估计至相对误差 ε. 考虑到 $M=\Theta(N)$ 及 $\|\boldsymbol{X}\|_{\max}=\Theta(1)$, 当 $\kappa,1/\varepsilon=\text{polylog}(N)$ 时该过程变得十分高效.

5.2.3 子算法 2: 量子交叉验证以选择合适的岭回归参数

选择一个好的岭回归参数 α 将使得岭回归具有很好的预测性能, 因此如何找出好的 α 是岭回归的一个关键问题. 选择好的 α 的一个常见且有效的方法是给定一堆候选 α, 然后从中挑出一个使得岭回归具有最佳预测性能的候选 α[81]. 最常见的评估岭回归 (以及其他线性回归模型) 预测性能的方法为 K 重交叉验证 [81]. 现在来概述如何结合这两个方法确定一个好的 α.

(1) 将 N 个初始数据点的集合分为 K $(2\leqslant K\leqslant N)$ 个子集, 且第 $l(l=1,\cdots,K)$ 个子集包含数据点 $\{(\boldsymbol{x}_j,y_j)|j\in S_l\}$, 其中

$$S_l:=\{(l-1)N/K+1,\cdots,lN/K\} \tag{5.16}$$

用于标记分配到第 l 个子集中数据点的编号;

(2) 接着执行 K 轮训练-测试过程. 对于第 l 轮, 第 l 个子集被选为测试集合, 而其他子集作为训练集;

(3) 计算所有数据的残差平方和作为评估该特定候选 α 参数下岭回归的预测性能的指标.

最后, 选择一个具有最佳预测性能的候选 α 作为最终的岭回归参数 α. 具体过程如下所述:

令 $\boldsymbol{X}_l\in\mathbb{R}^{N/K\times M}$ 为 $\boldsymbol{X}$ 中包含 S_l 指定的行, 即对应第 l 个子集, $\boldsymbol{X}_{-l}\in\mathbb{R}^{N\times M}$ 为 $\boldsymbol{X}$ 但 S_l 所指定的行的元素均用 0 代替. 很显然, $\boldsymbol{X}_{-l}$ 的秩小于或等于 $\boldsymbol{X}$ 的秩.

$\boldsymbol{X}_{-l}$ 可写成奇异值分解形式:

$$\boldsymbol{X}_{-l} = \sum_{j=1}^{R_l} \lambda_{lj} |\boldsymbol{u}_{lj}\rangle\langle\boldsymbol{v}_{lj}|$$

其中 λ_{lj} 是它的奇异值, $|\boldsymbol{u}_{lj}\rangle$ ($|\boldsymbol{v}_{lj}\rangle$) 是它的左 (右) 奇异向量, R_l 是它的秩且 $R_l \leqslant R$. 如附录 A.3 所示, 所有的 λ_{lj} 在 $\left(\dfrac{N+M}{\kappa'}, N+M\right)$ 范围内, 且通过选取

$$K = \Omega\left(\frac{NM\|\boldsymbol{X}\|_{\max}^2 \kappa^2}{(N+M)^2}\right)$$

使得 $\kappa' = O(\kappa)$. 一个较好的例子为留一交叉验证法 (Leave-one-out Cross Validation). 类似地, 可以定义 $\boldsymbol{y}_l$ 和 $\boldsymbol{y}_{-l}$.

在第 l 轮, 根据式 (5.4), 最佳拟合参数为

$$\boldsymbol{w}_l = (\boldsymbol{X}_{-l}^{\mathrm{T}} \boldsymbol{X}_{-l} + \alpha \boldsymbol{I})^{-1} \boldsymbol{X}_{-l}^{\mathrm{T}} \boldsymbol{y}_{-l} \tag{5.17}$$

因此, 第 l 轮的预测残差平方和为 $\|\boldsymbol{y}_l - \boldsymbol{X}_l \boldsymbol{w}_l\|^2$, 且具有某个特定 α 的岭回归的预测性能为 K 轮残差平方和的总和, 即

$$\begin{aligned} E(\alpha) &= \sum_{l=1}^{K} \|\boldsymbol{y}_l - \boldsymbol{X}_l \boldsymbol{w}_l\|^2 \\ &= \sum_{l=1}^{K} (\|\boldsymbol{y}_l\|^2 + \|\boldsymbol{X}_l \boldsymbol{w}_l\|^2 - 2\boldsymbol{y}_l^{\mathrm{T}} \boldsymbol{X}_l \boldsymbol{w}_l) \qquad (5.18) \\ &= E_1(\alpha) + E_2(\alpha) + E_3(\alpha) \qquad (5.19) \end{aligned}$$

给定一组候选 α 的集合 $\{\alpha_1, \cdots, \alpha_L\}$, 目标是选择其中一个 $\widehat{\alpha}$, 使得

$$\widehat{\alpha} = \underset{\alpha \in \{\alpha_1, \cdots, \alpha_L\}}{\arg\min}\ E(\alpha) \tag{5.20}$$

通常来说, 从预先设定的 α 范围 $\left[\alpha_{\min} = \Theta\left(\dfrac{(N+M)^2}{\kappa^2}\right), \alpha_{\max} = \Theta\left((N+M)^2\right)\right]$ $\left(\text{如} \left[\dfrac{(N+M)^2}{10\kappa^2}, \dfrac{(N+M)^2}{2}\right]\right)$ 内均匀选取 L 个候选值. 也就是说, 对于 $j = 1, \cdots, L$,

选取

$$\alpha_j = \alpha_{\min} + \frac{(j-1)(\alpha_{\max} - \alpha_{\min})}{L-1}$$

接下来, 给出一个选择 $\widehat{\alpha}$ 的高效量子算法. 该量子算法充分利用量子并行特性高效估计任意候选 α 所对应的 $E(\alpha)$. 由于该算法受上述 K 重交叉验证启发, 称为量子 K 重交叉验证.

给定一个 α, $E(\alpha)$(式 (5.18)) 的第一项 $E_1(\alpha) = \sum_{l=1}^{K} \|\boldsymbol{y}_l\|^2 = \|\boldsymbol{y}\|^2$, 且能够如附录 A.1 所示高效估计. 由式 (5.18)可以看出, 为了估计它的第二和第三项, 即 $E_2(\alpha)$ 和 $E_3(\alpha)$, $l = 1, \cdots, K$ 的 $\boldsymbol{w}_l$ 需要被求出. 值得注意的是, 第 l 个子集中每个数据点被赋予相同的 $\boldsymbol{w}_l$. 因此, 将产生一个以误差 ε 近似

$$|\psi_{\boldsymbol{w}}\rangle = \frac{\sum_{l=1}^{K} \left(\sum_{\tau \in S_l} |\tau\rangle \right) \otimes \boldsymbol{w}_l}{\sqrt{\sum_{l=1}^{K} N \|\boldsymbol{w}_l\|^2 / K}} \tag{5.21}$$

的量子态, 该量子态以并行方式编码了 $\boldsymbol{w}_l$.

子算法 2 的详细步骤如下:

(1) 制备初始量子态

$$|\psi_0\rangle = \frac{\sum_{l=1}^{K} \left(\sum_{\tau \in S_l} |\tau\rangle \right) \otimes \|\boldsymbol{y}_{-l}\| |0, \boldsymbol{y}_{-l}\rangle}{\sqrt{\sum_{l=1}^{K} N \|\boldsymbol{y}_{-l}\|^2 / K}} \tag{5.22}$$

如附录 A.1 所示, 该过程可在时间 $O(\text{polylog}(N))$ 内高效实现.

(2) 通过模拟酉操作

$$\sum_{l=1}^{K} \left(\sum_{\tau \in S_l} |\tau\rangle\langle\tau| \right) \otimes \mathrm{e}^{-\frac{\mathrm{i}\tilde{\boldsymbol{X}}_{-l} t_2}{N+M}} \tag{5.23}$$

对上述量子态执行相位估计以揭示 $\dfrac{\tilde{\boldsymbol{X}}_{-l}}{N+M}$ 的特征值. 这里

$$\tilde{\boldsymbol{X}}_{-l} = \begin{bmatrix} 0 & \boldsymbol{X}_{-l} \\ \boldsymbol{X}_{-l}^{\mathrm{T}} & 0 \end{bmatrix} \in \mathbb{R}^{(N+M)\times(N+M)} \tag{5.24}$$

其具有特征值 $\{\pm\lambda_{lj}\}_{j=1}^{R_l}$, 以及对应的特征向量 $\{|\boldsymbol{u}_{lj}, \pm\boldsymbol{v}_{lj}\rangle\}_{j=1}^{R_l}$. 和量子态式 (5.10)类似, 相位估计之后的量子态为

$$\frac{\sum\limits_{l=1}^{K}\left(\sum\limits_{\tau\in S_l}|\tau\rangle\right)\left(\sum\limits_{j}\|\boldsymbol{y}_{-l}\|\beta_{lj}|\boldsymbol{u}_{lj},\pm\boldsymbol{v}_{lj}\rangle\left|\frac{\pm\lambda_{lj}}{N+M}\right\rangle\right)}{\sqrt{\sum\limits_{l=1}^{K}2N\|\boldsymbol{y}_{-l}\|^2/K}} \tag{5.25}$$

其中 $\beta_{lj} := \langle\boldsymbol{u}_{lj}|0,\boldsymbol{y}_{-l}\rangle$.

(3) 和子算法 1 的步骤 (3) 类似, 也增加一个附加量子比特且从 $|0\rangle$ 旋转至 $\sqrt{1-C_2^2h^2(\pm\lambda_{lj},\alpha)}|0\rangle + C_2h(\pm\lambda_{lj},\alpha)|1\rangle$. 这里 $C_2 = O\left(\max\limits_{\lambda}h(\lambda,\alpha)\right)^{-1}$ 且 $\dfrac{\lambda}{N+M} \in \left[\dfrac{1}{\kappa'},1\right]$.

(4) 执行相位估计逆操作并测量附加量子比特以获得测量结果 $|1\rangle$. 测量成功的概率为

$$\begin{aligned} P_{\boldsymbol{w}} &= \frac{\sum\limits_{l=1}^{K}\sum\limits_{j}C_2^2\beta_{lj}^2h^2\left(\lambda_{lj},\alpha\right)\|\boldsymbol{y}_{-l}\|^2}{\sum\limits_{l=1}^{K}\|\boldsymbol{y}_{-l}\|^2} \\ &= \frac{\sum\limits_{l=1}^{K}C_2^2(N+M)^2\|\boldsymbol{w}_l\|^2}{(K-1)\|\boldsymbol{y}\|^2} \end{aligned} \tag{5.26}$$

其大小为 $\Omega(1/\kappa'^2\kappa^2)$; 详细分析见附录 A.4. 为了降低复杂度, 执行 $O(\kappa'\kappa)$ 次迭代的幅度放大. 最后得到如式(5.21) 所示的目标量子态 $|\psi_{\boldsymbol{w}}\rangle$.

(5) 向 $|\psi_{\boldsymbol{w}}\rangle$ 增加两个寄存器 $|0\cdots0\rangle|0\rangle$. 需要指出的是, $|\psi_{\boldsymbol{w}}\rangle$ 可以重新写成

$$|\psi_{\boldsymbol{w}}\rangle=\frac{\sum_{l=1}^{K}\left(\sum_{\tau\in S_l}|\tau\rangle\right)\otimes\left(\sum_{k=1}^{M}\boldsymbol{w}_{lk}|k\rangle\right)}{\sqrt{\sum_{l=1}^{K}N\|\boldsymbol{w}_l\|^2/K}}\tag{5.27}$$

其中 $\boldsymbol{w}_{lk}$ 是 $\boldsymbol{w}_l$ 的第 k 个元素. 然后执行下面过程. 首先, 执行 $O_{\boldsymbol{X}}$ 使得

$$\sum_{\tau\in S_l}\boldsymbol{w}_{lk}|\tau\rangle|k\rangle|0\cdots0\rangle|0\rangle\mapsto\sum_{\tau\in S_l}\boldsymbol{w}_{lk}|\tau\rangle|k\rangle|x_{\tau k}\rangle|0\rangle$$

其次, 执行受控旋转使其成为

$$\sum_{\tau\in S_l}\boldsymbol{w}_{lk}|\tau\rangle|k\rangle|x_{\tau k}\rangle\left(\frac{x_{\tau k}}{\|\boldsymbol{X}\|_{\max}}|1\rangle+\sqrt{1-\frac{x_{\tau k}^2}{\|\boldsymbol{X}\|_{\max}^2}}|0\rangle\right)$$

接着, 执行 $O_{\boldsymbol{X}}^{-1}$ 得到

$$\sum_{\tau\in S_l}\boldsymbol{w}_{lk}|\tau\rangle|k\rangle\left(\sqrt{1-\frac{x_{\tau k}^2}{\|\boldsymbol{X}\|_{\max}^2}}|0\rangle+\frac{x_{\tau k}}{\|\boldsymbol{X}\|_{\max}}|1\rangle\right)$$

最后, 对最后两个寄存器执行投影测量, 看其是否处于量子态 $\left[\left(\sum_{k=1}^{M}|k\rangle\right)\Big/\sqrt{M}\right]|1\rangle$. 如果成功, 第一寄存器的量子态为

$$|\hat{\boldsymbol{y}}\rangle=\frac{\sum_{l=1}^{K}\sum_{\tau\in S_l}\left(\sum_{k=1}^{M}\boldsymbol{w}_{lk}x_{\tau k}\right)|\tau\rangle}{\sqrt{\sum_{l=1}^{K}\sum_{\tau\in S_l}\left(\sum_{k=1}^{M}\boldsymbol{w}_{lk}x_{\tau k}\right)^2}}=\frac{\sum_{l=1}^{K}\sum_{\tau\in S_l}\boldsymbol{w}_l^{\mathrm{T}}\boldsymbol{x}_\tau|\tau\rangle}{\sqrt{\sum_{l=1}^{K}\sum_{\tau\in S_l}(\boldsymbol{w}_l^{\mathrm{T}}\boldsymbol{x}_\tau)^2}}\tag{5.28}$$

该量子态编码了 $\boldsymbol{y}$ 所对应的预测值. 测量成功的概率为

$$P_1 = \frac{\sum_{l=1}^{K}\sum_{\tau\in S_l}(\boldsymbol{w}_l^{\mathrm{T}}\boldsymbol{x}_\tau)^2}{M\|\boldsymbol{X}\|_{\max}^2\left(\sum_{l=1}^{K}N\|\boldsymbol{w}_l\|^2/K\right)} \tag{5.29}$$

如附录 A.5 所示, 在岭回归具有良好预测性能情况下, $P_1 = \Omega(1/\kappa'^2)$. 这意味着 $E(\alpha)$ 的第二项 (式(5.18)) 可以被估计为

$$\begin{aligned}
E_2(\alpha) &= \sum_{l=1}^{K}\|\boldsymbol{X}_l\boldsymbol{w}_l\|^2 \\
&= \sum_{l=1}^{K}\sum_{\tau\in S_l}(\boldsymbol{w}_l^{\mathrm{T}}\boldsymbol{x}_\tau)^2 \\
&= \frac{P_1P_{\boldsymbol{w}}NM(K-1)\|\boldsymbol{X}\|_{\max}^2\|\boldsymbol{y}\|^2}{C_2^2(N+M)^2K}
\end{aligned} \tag{5.30}$$

注意到 N, M, K, $\|\boldsymbol{X}\|_{\max}$ 和 C_2 是已知的, 且 $\|\boldsymbol{y}\|^2$ 如附录 A.1 所示可被估计出来.

(6) 对量子态 $|\boldsymbol{y}\rangle$ 和 $|\hat{\boldsymbol{y}}\rangle$ 执行量子交换测试, 且测量得到结果 $|0\rangle$ 的成功概率为

$$\begin{aligned}
P_2 &= \frac{1}{2}+\frac{1}{2}|\langle\boldsymbol{y}|\hat{\boldsymbol{y}}\rangle|^2 \\
&= \frac{1}{2}+\frac{1}{2}\frac{\left(\sum_{l=1}^{K}\sum_{\tau\in S_l}\boldsymbol{y}_\tau\boldsymbol{w}_l^{\mathrm{T}}\boldsymbol{x}_\tau\right)^2}{\|\boldsymbol{y}\|^2\left(\sum_{l=1}^{K}\sum_{\tau\in S_l}(\boldsymbol{w}_l^{\mathrm{T}}\boldsymbol{x}_\tau)^2\right)}
\end{aligned} \tag{5.31}$$

因此 $E(\alpha)$ 的第三项可以被估计为

$$\begin{aligned}
E_3(\alpha) &= \sum_{l=1}^{K}\boldsymbol{y}_l^{\mathrm{T}}\boldsymbol{X}_l\boldsymbol{w}_l \\
&= \sum_{l=1}^{K}\sum_{\tau\in S_l}\boldsymbol{y}_\tau\boldsymbol{x}_\tau^{\mathrm{T}}\boldsymbol{w}_l
\end{aligned}$$

$$
= \pm\sqrt{\frac{(2P_2-1)P_1P_{\boldsymbol{w}}NM(K-1)}{K}}\frac{\|\boldsymbol{y}\|^2\|\boldsymbol{X}\|_{\max}}{C_2(N+M)} \tag{5.32}
$$

但是其中的符号是不清楚的. 一种精妙的揭示该符号的方法 [46,57] 为：以受控方式制备这两个量子态, 使其与一个额外量子比特 $\frac{|0\rangle|\boldsymbol{y}\rangle+|1\rangle|\hat{\boldsymbol{y}}\rangle}{\sqrt{2}}$ 纠缠在一起, 对该附加量子比特和 $\frac{|0\rangle-|1\rangle}{\sqrt{2}}$ 执行量子交换测试. 该过程的成功概率为 $1-\langle\boldsymbol{y}|\hat{\boldsymbol{y}}\rangle$, 其揭示了 $\langle\boldsymbol{y}|\hat{\boldsymbol{y}}\rangle$ 的值. 实际上, 当模型构建得很好时, 对于大多数 l, $\boldsymbol{X}_l\boldsymbol{w}_l$ 通常接近于 $\boldsymbol{y}_l$. 这意味着 $\sum_{l=1}^{K}\boldsymbol{y}_l^{\mathrm{T}}\boldsymbol{X}_l\boldsymbol{w}_l$ 通常是非负的. 现在式(5.18)中所有的三项都能够被估计, 这样的话, 它们的总和 $E(\alpha)$ 也就可以被直接估计出来.

(7) 对每一个 $\alpha\in\{\alpha_1,\cdots,\alpha_L\}$, 执行步骤 (1)~(6), 并挑选出具有最小 $E(\alpha)$ 的 α 作为岭回归最后的岭回归参数 $\hat{\alpha}$.

子算法 2 的步骤 (1)~(4) 的电路见图 5.2, 而步骤 (5)~(6) 的电路见图 5.3.

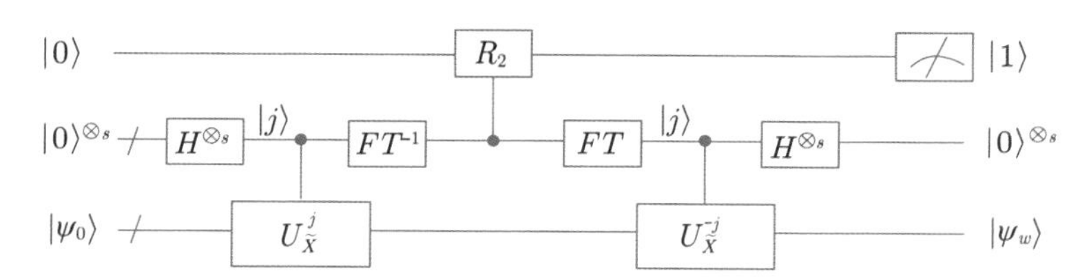

图5.2　子算法2的步骤(1)~(4)的电路

$U_X=\sum_{l=1}^{K}(\sum_{\tau\in S_l}|\tau\rangle\langle\tau|)\otimes \mathrm{e}^{-\frac{\mathrm{i}\tilde{X}_{l}t}{(N+M)2^s}}$，受控$R_2$为步骤(3)中的受控旋转操作.

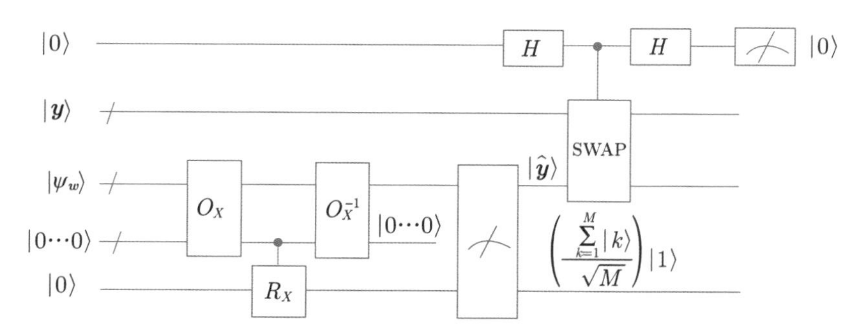

图5.3　子算法2的步骤(5)~(6)的电路

SWAP指的是交换操作.

在步骤 (2) 中, 为了模拟酉操作式(5.23)以实现相位估计, 介绍一个能够并行模

拟多个相同大小的哈密顿量的并行哈密顿量模拟技术. 该技术可由下面的定理总结. 根据该定理, 酉操作式(5.23)可以以时间复杂度 $O(\|\boldsymbol{X}\|_{\max}^2 \mathrm{polylog}(N+M)t^2/\varepsilon)$ 模拟至误差 ε.

定理 5.1 (并行哈密顿量模拟) 给定 Q 个 $N\times N$ 的厄米矩阵 (哈密顿量)$\boldsymbol{A}_1,\cdots,\boldsymbol{A}_Q$, 以及能够访问这些矩阵元素的量子黑盒, 酉操作 $\sum_{q=1}^{Q}|q\rangle\langle q|\otimes \mathrm{e}^{-\mathrm{i}\frac{\boldsymbol{A}_q}{N}t}$ 能够以时间复杂度 $O\left(M_{\boldsymbol{A}}^2 t^2 \mathrm{polylog}\left(N^2 Q\right)/\varepsilon\right)$ 被模拟至谱范数误差 ε, 这里 $\{|q\rangle\}_{q=1}^{Q}$ 为 Q 维量子系统的 Q 个计算基态, $M_{\boldsymbol{A}}$ 为这些矩阵所有元素绝对值的最大值.

证明 在多份 $\rho=|\mathbf{1}\rangle\langle\mathbf{1}|\in\mathbb{C}^{N\times N}\left(|\mathbf{1}\rangle=\left(\sum_{j=1}^{N}|j\rangle\right)\Big/\sqrt{N}\right)$ 的帮助下, 在两量子系统 $\sigma_C\otimes\sigma$ 上实现模拟 $\sum_{q=1}^{Q}|q\rangle\langle q|\otimes \mathrm{e}^{-\mathrm{i}\frac{\boldsymbol{A}_l}{N}t}$, 其中 $\sigma_C\in\mathbb{C}^{Q\times Q}$ 和 $\sigma\in\mathbb{C}^{N\times N}$. 为了简单而不失一般性, 对于任意的 $q\in\{1,2,\cdots,Q\}$, 考虑 $\sigma_C=|q\rangle\langle q|$. 类似于非正定稠密厄米矩阵的模拟 [19], 首先将每个厄米矩阵 $\boldsymbol{A}_l$ 嵌入一个更大的 1-稀疏 $N^2\times N^2$ 厄米矩阵:

$$S_{\boldsymbol{A}_q}=\sum_{j,k=1}^{N}\boldsymbol{A}_{q,jk}|k\rangle\langle j|\otimes|j\rangle\langle k|\in\mathbb{C}^{N^2\times N^2} \tag{5.33}$$

其中 $\boldsymbol{A}_{q,jk}$ 是 $\boldsymbol{A}_q$ 的元素. 然后, 将这个稀疏矩阵嵌入一个更大的 1-稀疏厄米矩阵:

$$S_{\boldsymbol{A}}=\sum_{q=1}^{Q}|q\rangle\langle q|\otimes S_{\boldsymbol{A}_q}\in\mathbb{C}^{QN^2\times QN^2} \tag{5.34}$$

由于这个矩阵是 1-稀疏的, 在给定可在 $O\left(\mathrm{poly}\log\left(N^2Q\right)\right)$ 时间内高效访问 $S_{\boldsymbol{A}}$ 的元素的量子黑盒 (这些黑盒可以通过例如量子随机访问存储 [69] 实现) 的条件下, 酉操作

$$\mathrm{e}^{-\mathrm{i}S_{\boldsymbol{A}}t}=\sum_{q=1}^{Q}|q\rangle\langle q|\otimes \mathrm{e}^{-\mathrm{i}S_{\boldsymbol{A}_q}t} \tag{5.35}$$

对于任意时间 t 的可通过 $O(1)$ 次的黑盒调用被高效模拟 [14]. 随后, 在制备出

$n=t/\Delta t$ 份 ρ 后, 对于每一份 ρ, 对 $|q\rangle\langle q|\otimes\rho\otimes\sigma$ 执行 $\mathrm{e}^{-\mathrm{i}S_{\boldsymbol{A}}t}$ 操作, 执行完之后第一和第三系统处于量子态

$$\begin{aligned}&\mathrm{Tr}_2(\mathrm{e}^{-\mathrm{i}S_{\boldsymbol{A}}\Delta t}|q\rangle\langle q|\otimes\rho\otimes\sigma\mathrm{e}^{\mathrm{i}S_{\boldsymbol{A}}\Delta t})\\&=|q\rangle\langle q|\otimes\left(\sigma-\mathrm{i}\frac{\Delta t}{N}[\boldsymbol{A}_q,\sigma]+O(M_{\boldsymbol{A}_q}^2\Delta t^2)\right)\\&\approx|q\rangle\langle q|\otimes\mathrm{e}^{-\mathrm{i}\frac{\boldsymbol{A}_q\Delta t}{N}}\sigma\mathrm{e}^{\mathrm{i}\frac{\boldsymbol{A}_q\Delta t}{N}}\end{aligned}\tag{5.36}$$

这里的 $M_{\boldsymbol{A}_q}=\|\boldsymbol{A}_q\|_{\max}$. 此时, 谱范数误差为 $O\left(M_{\boldsymbol{A}_q}^2\Delta t^2\right)$[19]. 因为 $q\in\{1,2,\cdots,Q\}$ 是任意的, 误差应为 $O\left(M_{\boldsymbol{A}}^2\Delta t^2\right)$, 其中 $M_{\boldsymbol{A}}$ 是所有矩阵 $\boldsymbol{A}_1,\boldsymbol{A}_2,\cdots,\boldsymbol{A}_Q$ 中的元素绝对值的最大值. 因此, 执行 n 次该过程可使在误差 $O\left(nM_{\boldsymbol{A}}^2\Delta t^2\right)$ 内模拟酉操作 $\sum\limits_{q=1}^{Q}|q\rangle\langle q|\otimes\mathrm{e}^{-\mathrm{i}\frac{\boldsymbol{A}_q}{N}t}$. 为了使误差小于 ε, n 应该选

$$n=O\left(\frac{M_{\boldsymbol{A}}^2t^2}{\varepsilon}\right)\tag{5.37}$$

因此, 总的时间复杂度为

$$O\left(n\log(N^2Q)\right)=O\left(\frac{M_{\boldsymbol{A}}^2t^2\mathrm{polylog}(N^2Q)}{\varepsilon}\right)\tag{5.38}$$

至此, 完成证明.

值得注意的是, 针对定理 5.1 所给出的并行哈密顿量模拟任务, 该定理所给出的方法要比直观的方法更有优势. 在直观的方法中, 将 $\boldsymbol{A}_1,\cdots,\boldsymbol{A}_Q$ 放置在大的矩阵的对角线上并乘以常数 Q, 得到新的矩阵 $\boldsymbol{A}=\sum\limits_{q=1}^{Q}|q\rangle\langle q|\otimes Q\boldsymbol{A}_q$, 其大小为 $NQ\times NQ$, 然后通过半正定非稀疏哈密顿量模拟技术 [19] 模拟 $\boldsymbol{A}$, 即模拟酉操作 $\mathrm{e}^{-\frac{\mathrm{i}\boldsymbol{A}t}{NQ}}=\sum\limits_{q=1}^{Q}|q\rangle\langle q|\otimes\mathrm{e}^{-\frac{\mathrm{i}\boldsymbol{A}_qt}{N}}$ 至误差 ε 内. 然而, 由于 $\|\boldsymbol{A}\|_{\max}=QM_{\boldsymbol{A}}$, 这个直观的方法的时间复杂度为 $O\left(Q^2M_{\boldsymbol{A}}^2t^2\mathrm{polylog}(NQ)/\varepsilon\right)$, 是定理 5.1 所给方法的时间复杂度的 Q^2 倍. 因此, 定理 5.1 给出的方法比直观的方法更高效, 尤其是当 Q 很大时.

根据定理 5.1, 通过对任意 $q\in S_l$ 设置 $Q=N$, $M_{\boldsymbol{A}}=\|\boldsymbol{X}\|_{\max}$ 及 $\boldsymbol{A}_q=\tilde{\boldsymbol{X}}_{-l}$, 酉

操作式(5.23)可在时间 $O\left(\|\boldsymbol{X}\|_{\max}^2 \text{polylog}(N+M)t^2/\varepsilon\right)$ 内被模拟至误差 ε.

5.2.4 子算法 2 的复杂度分析

在子算法 2 的前 4 步中, 时间消耗主要来源于用于产生量子态 $|\psi_{\boldsymbol{w}}\rangle$ 的相位估计和幅度放大. 与子算法 1 类似, 在步骤 (2) 中, 取 $t_2 = O(\kappa'/\varepsilon)$ 以确保产生 $|\psi_{\boldsymbol{w}}\rangle$ 的误差小于 ε, 因此相位估计时间复杂度为

$$O(\|\boldsymbol{X}\|_{\max}^2 \text{polylog}(N+M)\kappa'^2/\varepsilon^3)$$

加上幅度放大的 $O(\kappa'\kappa)$ 次重复迭代, 产生 $|\psi_{\boldsymbol{w}}\rangle$ 的总的时间复杂度为

$$O(\|\boldsymbol{X}\|_{\max}^2 \text{polylog}(N+M)\kappa'^3\kappa/\varepsilon^3)$$

在步骤 (5) 中, $E(\alpha)$ 的第二项 $E_2(\alpha)$ 如式(5.30)所示, 可通过估计 $P_{\boldsymbol{w}}$ 和 P_1 来估计. 正如附录 A.1 中估计 $\|\boldsymbol{y}\|^2$ 那样, $P_{\boldsymbol{w}}$ 也可以通过重复执行 $O\left(\sqrt{\frac{1-P_{\boldsymbol{w}}}{P_{\boldsymbol{w}}}}\frac{1}{\varepsilon_{\boldsymbol{w}}}\right) = O\left(\frac{1}{\sqrt{P_{\boldsymbol{w}}}\varepsilon_{\boldsymbol{w}}}\right)$ 次步骤 (1)~(3) 的幅度估计被估计至相对误差 $\varepsilon_{\boldsymbol{w}}$, 使得估计 $P_{\boldsymbol{w}}$ 的复杂度为

$$O\left(\frac{\|\boldsymbol{X}\|_{\max}^2 \text{polylog}(N+M)\kappa'^2/\varepsilon^3}{\sqrt{P_{\boldsymbol{w}}}\varepsilon_{\boldsymbol{w}}}\right) \tag{5.39}$$

类似地, P_1 可以在步骤 (5) 通过重复执行 $O\left(\frac{1}{\sqrt{P_1}\varepsilon_1}\right)$ 次产生 $|\psi_{\boldsymbol{w}}\rangle$ 和调用 $O_{\boldsymbol{X}}$ 及 $O_{\boldsymbol{X}}^{-1}$ 的幅度估计, 使其以时间复杂度

$$O\left(\frac{\|\boldsymbol{X}\|_{\max}^2 \text{polylog}(N+M)\kappa'^3\kappa/\varepsilon^3}{\sqrt{P_1}\varepsilon_1}\right) \tag{5.40}$$

被估计至相对误差 ε_1. 需要注意的是, 估计 P_1 (以及 P_2) 的大小是很难的, 因为这取决于预测输出 $\boldsymbol{w}_l^{\mathrm{T}}\boldsymbol{x}_\tau$ 和真实输出 $\boldsymbol{y}_\tau(l=1,\cdots,K$ 且 $\tau \in S_l)$ 的接近程度. 但是当

岭回归取得较好的预测性能时, $\boldsymbol{w}_l^{\mathrm{T}}\boldsymbol{x}_\tau \approx \boldsymbol{y}_\tau$ 对于大多数 τ 成立, 这时如附录 A.5 所示, $P_1 = \Omega(1/\kappa'^2)$ (且 $P_2 \approx 1$). 此外, 估计 $P_{\boldsymbol{w}}$ 和 P_1 的相对误差, 即 $\varepsilon_{\boldsymbol{w}}$ 和 ε_1, 使得估计 $P_1P_{\boldsymbol{w}}$ 以及式(5.30)所示的 $E_2(\alpha)$ 的相对误差为 $O(\varepsilon_{\boldsymbol{w}}+\varepsilon_1)$. 因此, 将估计这三个概率的运行时间加在一起, $E_2(\alpha)$ 可被估计至相对误差 $O(\varepsilon_{\boldsymbol{w}}+\varepsilon_1)$ 的总的时间复杂度为

$$
\begin{aligned}
&O\left[\frac{\|\boldsymbol{X}\|_{\max}^2 \operatorname{polylog}(N+M)\kappa'^2}{\varepsilon^3}\left(\frac{1}{\sqrt{P_{\boldsymbol{w}}}\varepsilon_{\boldsymbol{w}}}+\frac{\kappa'\kappa}{\sqrt{P_1}\varepsilon_1}\right)\right] \\
&\quad = O\left[\frac{\|\boldsymbol{X}\|_{\max}^2 \operatorname{polylog}(N+M)\kappa'^3\kappa}{\varepsilon^3}\left(\frac{1}{\varepsilon_{\boldsymbol{w}}}+\frac{\kappa'}{\varepsilon_1}\right)\right]
\end{aligned}
\tag{5.41}
$$

这里需要指出 $P_{\boldsymbol{w}} = \Omega(1/\kappa'^2\kappa^2)$, $P_1 = \Omega(1/\kappa'^2)$.

在步骤 (6) 中, P_2 可通过需要重复执行 $O\left(\frac{1}{\sqrt{P_2}\varepsilon_2}\right)$ 次产生 $|\boldsymbol{y}\rangle$ 和 $|\hat{\boldsymbol{y}}\rangle$ 的过程的幅度估计被估计至相对误差 ε_2. 如附录 A.1 所示, 量子态 $|\boldsymbol{y}\rangle$ 可在时间 $O(\operatorname{polylog}(N))$ 内产生. 在幅度放大的帮助下, 步骤 (5) 中生成 $|\hat{\boldsymbol{y}}\rangle$ 的时间复杂度为

$$
O\left(\frac{1}{\sqrt{P_1}}\frac{\|\boldsymbol{X}\|_{\max}^2 \operatorname{polylog}(N+M)\kappa'^3\kappa}{\varepsilon^3}\right)
$$

因此, P_2 可以在时间 $O\left(\frac{\|\boldsymbol{X}\|_{\max}^2 \operatorname{polylog}(N+M)\kappa'^4\kappa}{\varepsilon^3\varepsilon_2}\right)$ 内被估计至相对误差 ε_2. 这里需要注意到如附录 A.5 所示 $P_1 = \Omega(1/\kappa'^2)$ 且 $P_2 \approx 1$. 估计 $P_{\boldsymbol{w}}$, P_1 和 P_2 的相对误差, 即 $\varepsilon_{\boldsymbol{w}}$, ε_1 和 ε_2, 使得估计 $\sqrt{(2P_2-1)P_1P_{\boldsymbol{w}}}$ 和 $E_3(\alpha)$(见式(5.32)) 的相对误差为 $O(2\varepsilon_2+\varepsilon_{\boldsymbol{w}}+\varepsilon_1)$. 因此, $E_3(\alpha)$ 可以以时间复杂度 $O\left(\frac{\|\boldsymbol{X}\|_{\max}^2 \operatorname{polylog}(N+M)\kappa'^4\kappa}{\varepsilon^3\varepsilon_2}\right)$ 被估计至相对误差 $O(2\varepsilon_2+\varepsilon_{\boldsymbol{w}}+\varepsilon_1)$.

如附录 A.1 所示, $E_1(\alpha) = \sum_{l=1}^{K}\|\boldsymbol{y}_l\|^2 = \|\boldsymbol{y}\|^2$ 可在时间 $O(\operatorname{polylog}(N)/\varepsilon_{\boldsymbol{y}})$ 内被估计至相对误差 $\varepsilon_{\boldsymbol{y}}$. 令 $\varepsilon_{\boldsymbol{y}} = \varepsilon$, $\varepsilon_{\boldsymbol{w}} = \varepsilon_1 = \varepsilon/3$, 以及 $\varepsilon_2 = \varepsilon/6$, 这使得 $E_1(\alpha)$, $E_2(\alpha)$ 和 $E_3(\alpha)$ 均具有相对误差 $O(\varepsilon)$, 也因此估计 $E(\alpha) = E_1(\alpha)+E_2(\alpha)+E_3(\alpha)$ 的相

对误差为 $O(\varepsilon)$, 相应的时间复杂度为 $O\left(\dfrac{\|\boldsymbol{X}\|_{\max}^2 \text{polylog}(N+M)\kappa'^4\kappa}{\varepsilon^4}\right)$. 此外, 步骤 (7) 需要估计 $E(\alpha_1),\cdots,E(\alpha_L)$, 因此子算法 2 的总的时间复杂度为

$$O\left(\frac{L\|\boldsymbol{X}\|_{\max}^2 \text{polylog}(N+M)\kappa'^4\kappa}{\varepsilon^4}\right) \tag{5.42}$$

子算法 2 所对应的最好的经典算法包括 L 次 K 重交叉验证迭代. 在第 j 次迭代, 执行两个阶段的操作: (1) 执行 K 轮具有岭回归参数 α_j 的经典岭回归, 且第 l 轮以时间复杂度 [84]$O\left(\dfrac{(K-1)NM}{K}+\dfrac{(K-1)^2N^2R_l\log(R_l/\varepsilon)}{K^2\varepsilon^2}\right)$ 输出 $\boldsymbol{w}_l$(见式(5.17)); (2) 根据式(5.18)计算 $E(\alpha_j)$, 且很容易看出该过程的时间复杂度为 $O(NM)$. 所以经典岭回归算法的总的时间复杂度为 $O\left(LNM+LN^2\left(\sum\limits_{l=1}^{K}R_l\log(R_l/\varepsilon)\right)/\varepsilon^2\right)$ (注意到 $K\geqslant 2$).

考虑到假设 $\|\boldsymbol{X}\|_{\max}=\Theta(1)$ 和 $N=\Theta(M)$, 以及通过设置

$$K=\Omega\left(\frac{NM\|\boldsymbol{X}\|_{\max}^2\kappa^2}{(N+M)^2}\right)=O(\kappa^2)$$

使得 $\kappa'=O(\kappa)$, 子算法 2 具有时间复杂度 $O(L\text{polylog}(N)\kappa^5/\varepsilon^4)$, 且最好的经典对应算法如上分析具有时间复杂度 $\tilde{O}\left[LN^2\left(\sum\limits_{l=1}^{K}R_l\right)/\varepsilon^2\right]$. 这里 $\tilde{O}$ 符号用于表示去掉相对较小的量 $\log(R_l/\varepsilon)$. 当 $\kappa=O(\sqrt{N})$ 时, $\boldsymbol{X}$ 和 $\boldsymbol{X}_{-l}$ 具有或者近似具有满秩, 即 $R,R_l=O(N)$, 在这种情况下子算法 2 的时间复杂度为 $O(L\text{polylog}(N)N^{2.5}/\varepsilon^4)$, 而相应经典算法的时间复杂度为 $O(L\text{polylog}(N)N^4/\varepsilon^2)$, 因此当 $L,1/\varepsilon=O(\text{polylog}(N))$ 时, 子算法 2 相对经典算法具有多项式加速. 然而, 当 $\kappa=O(\text{polylog}(N))$ 时, $\boldsymbol{X}$ 和 $\boldsymbol{X}_{-l}$ 的秩较低, 即 $R,R_l=\text{polylog}(N)$, 子算法 2 具有时间复杂度 $O(L\text{polylog}(N)/\varepsilon^4)$, 而经典算法的时间复杂度为 $O(L\text{polylog}(N)N^2/\varepsilon^2)$. 因此, 当 $L,1/\varepsilon=O(\text{polylog}(N))$ 时, 子算法 2 相对经典算法具有指数加速优势.

5.2.5 总算法

量子岭回归算法总的过程将从子算法 2 开始, 先找出一个好的 α, 然后将该 α 代入到子算法 1 中, 以量子态形式估计出该参数下岭回归的最优拟合参数. 该量子态通过量子交换测试可被进一步用于高效预测新数据. 通过上述两个子算法的时间复杂度分析可以看出, 整个量子岭回归算法的时间复杂度主要由子算法 2 决定. 因此, 如上对子算法 2 的时间复杂度分析所述, 整个量子岭回归算法相对经典算法的加速取决于设计矩阵的条件数.

本章小结

本章介绍了一个能够对指数级大的数据集高效实现岭回归的量子算法. 特别地, 介绍了并行哈密顿量模拟技术, 并介绍了如何用它设计一个能够高效评估岭回归预测能力的量子 K 重交叉验证方法. 该量子算法首先利用量子 K 重交叉验证方法高效确定一个好的 α, 使得具有该参数的岭回归具有好的预测性能. 接着, 产生一个编码具有该 α 的岭回归的最优拟合参数的量子态. 该量子态能够被进一步用于预测新数据. 分析表明, 该量子算法能够快速处理非稀疏设计矩阵, 且能够在设计矩阵具有较低条件数 (相应的秩很低) 时相对经典算法具有指数加速优势, 但是当设计矩阵具有很大的条件数时, 该量子算法相对经典算法只具有多项式加速效果.

本章介绍的量子岭回归算法, 尤其是其中的关键技术——并行哈密顿量模拟和量子 K 重交叉验证, 能够启发更多的量子机器学习算法. 例如, 由于交叉验证技术是一个被广泛用于评估除了岭回归以外其他多种机器学习算法 [4,86] 预测性能的重要技术, 量子 K 重交叉验证有望快速评估这些算法的预测性能.

6

第 6 章

量子视觉追踪算法

上一章介绍了针对岭回归的量子算法. 本章针对岭回归在计算机视觉领域的一种重要应用——视觉追踪 (visual tracking), 介绍一种量子算法. 该量子算法基于 Henriques 等于 2015 年提出的著名视觉追踪算法 [87](HCMB15 算法), 其整体过程包括两个阶段：训练阶段 (training phase) 与探测阶段 (detection phase). 在训练阶段, 以量子态形式产生岭回归分类器, 即产生一个幅度上编码了岭回归最优拟合参数的量子态. 在探测阶段, 利用该分类器产生一个幅度上编码了所有候选图像块响应的量子态. 整个算法建立在扩展循环哈密顿量模拟 (Extended Circulant Hamiltonian Simulation) 技术的基础上, 该技术允许相位估计技术估计扩展循环矩阵的奇异值. 当图像数据矩阵具有较小的条件数时, 该量子算法在 $O[\text{polylog}(n)]$ 时间内生成这两个量子态, 其中 $n\times n$ 表示该矩阵的大小, 这相对于经典视觉追踪算法具有指数加速的效果. 此外, 量子算法最后输出的量子态可被应用于高效实现两个与视觉追踪相关的重要任务：目标消失探测 (object disappearance detection) 和运动行为匹配

(motion behavior matching).

本章各部分安排如下: 6.1 节回顾经典视觉追踪的基本概念和著名的 HCMB15 视觉追踪算法; 6.2 节介绍量子视觉追踪算法, 并分析该算法的复杂度; 6.3 节指出量子算法的上述两个重要应用; 最后对本章进行总结.

6.1 经典视觉追踪算法

视觉追踪的任务是在视频中确定感兴趣的移动目标. 它是计算机视觉中的一个基本问题, 并在人机交互、安全及监测性、机器人感知、交通管制和医疗图像上有着广泛的应用 [87-91]. 近年来, 一种广受关注的视觉追踪方法是探测追踪 (tracking-by-detection), 它采用判别机器学习分类器来探测目标. 在该方法中, 视频中每对时间连续的帧 (frame) 分别经历两个阶段：训练阶段与探测阶段. 为方便起见, 此后将训练 (探测) 阶段使用的帧称为训练 (探测) 帧, 其中训练帧用来确定目标的位置 (在初始帧中直接给出或在随后的帧中被探测出来), 探测帧中目标的位置有待确定. 在训练阶段, 通过使用辨别机器学习算法, 从训练帧中围绕目标选择多个图像块 (样本) 来训练分类器, 使其可以区分目标及其背景. 在探测阶段, 在探测帧中目标位置附近选择若干候选块并放入分类器中, 计算它们的响应, 其中最大响应显示目标最可能所在的位置. 视频中每一帧都连续地经历训练—探测过程, 以跟踪整个视频中的目标. 在此期间, 一旦探测到目标, 探测帧就变成训练帧. 整个过程如图 6.1 所示. 尽管已有各种先进快速的视觉追踪算法 [87,88] 提出, 但当处理的图像数据很大时, 视觉追踪仍非常耗时.

HCMB15 算法是 Henriques 等人于 2015 年提出的一个著名的视觉追踪算法 [87], 已经在相关领域引起了广泛关注. 其更早版本于 2012 年被提出 [88]. 该算法包括两个阶段：训练阶段和探测阶段. 在训练阶段, 该算法巧妙地选取一个基础样本图像块 (base sample patch), 并用其生成大量的虚拟样本图像块 (virtual sample patches). 这些虚拟样本可用一个循环矩阵表示, 并被用于训练岭回归分类器. 在探

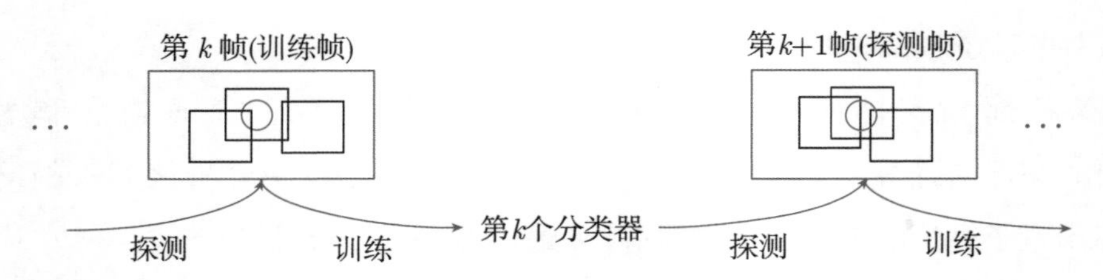

图6.1 基于探测追踪方法的视觉追踪示意图

圆圈表示训练帧和探测帧中的目标. 训练帧中的矩形框表示用于训练的样本图像块，探测帧中的矩形框表示用于探测的候选图像块. 视频连续地对每一帧执行训练—探测过程，以追踪视频中的目标.

测阶段, 类似地选取一个基础候选图像块 (base candidate patch) 以产生大量的虚拟候选图像块 (virtual candidate patches). 这些虚拟候选图像块也可以用一个循环矩阵表示, 并被放入已经生成的分类器中获得它们相应的响应, 其中具有最大响应的候选图像块指出了目标最可能存在的位置. 数据矩阵的循环结构在 HCMB15 算法中被巧妙利用, 使其在训练阶段和探测阶段都非常高效.

下面回顾 HCMB15 算法 [87,88] 的基本思想与算法过程. 为了简单起见, 本章仅考虑单通道 (single channel) 一维图像, 但是也可以按照经典方法 [87,88] 扩展到处理二维多通道图像.

在训练阶段, 该算法取训练帧中的一个具有 n 个像素的基础样本图像块 (目标通常放在帧中心) 来训练. 该基础图像块可用一个列向量 $\boldsymbol{x}=(x_1,x_2,\cdots,x_n)^{\mathrm{T}}$ 来表示, 其大小比如是目标的两倍. 通过循环移位 $\boldsymbol{x}$, 可以生成 n 个虚拟样本图像块构成的循环矩阵:

$$\boldsymbol{X}=\mathcal{C}(\boldsymbol{x})=\begin{bmatrix} x_1 & x_2 & x_3 & \cdots & x_n \\ x_n & x_1 & x_2 & \cdots & x_{n-1} \\ \vdots & \vdots & \vdots & \ddots & \vdots \\ x_2 & x_3 & x_4 & \cdots & x_1 \end{bmatrix} \tag{6.1}$$

其中 $\mathcal{C}(\boldsymbol{x}):\mathbb{R}^n\to\mathbb{R}^{n\times n}$ 是函数, 其作用为生成给定向量 $\boldsymbol{x}$ 对应的循环矩阵. 矩阵 $\boldsymbol{X}$ 第 i 行的转置正好对应第 i 个训练样本 (即第 i 个虚拟样本图像块), 定义为 $\boldsymbol{x}_i$, 且 $\boldsymbol{x}_1=\boldsymbol{x}$.

此外, 每个训练样本分配一个标签 (回归目标), 其值的变化范围为从 0 到 1, 以量化每个训练样本和基础样本之间的接近程度, 如果训练样本接近基础样本, 则该值接近 1, 且当它们之间的距离增加时, 该值减小到 0. $\boldsymbol{x}_i$ 的标签定义为 y_i, 通常用高斯函数来表示:

$$y_i = \mathrm{e}^{-d_i^2/s^2} \tag{6.2}$$

其中 d_i 是第 i 个样本与基础样本之间的欧几里得距离, s 为带宽 (bandwidth), 通常设置为 $s = c\sqrt{n}$, 这里 c 为某个常数.

在训练阶段, 目标是用岭回归来训练线性函数 $f(\boldsymbol{x}) = \boldsymbol{w}^{\mathrm{T}}\boldsymbol{x}$, 以最小化 $f(\boldsymbol{x}_i)$ 和标签 y_i 之间的平方误差, 即

$$\min_{\boldsymbol{w}} \sum_{i=1}^{n} |f(\boldsymbol{x}_i) - y_i|^2 + \alpha\|\boldsymbol{w}\|^2 \tag{6.3}$$

其中 α 是控制过拟合的正则化参数. 该优化的解为

$$\boldsymbol{w} = (\boldsymbol{X}^{\mathrm{T}}\boldsymbol{X} + \alpha\boldsymbol{I})^{-1}\boldsymbol{X}^{\mathrm{T}}\boldsymbol{y} \tag{6.4}$$

其中 $\boldsymbol{y} = (y_1, y_2, \cdots, y_n)^{\mathrm{T}}$ 是所有 n 个训练样本的回归目标向量, $\boldsymbol{X}$ 称为数据矩阵[87]. 当获得解 $\boldsymbol{w}$ 之后, 可以通过计算 $f(\hat{\boldsymbol{x}}) = \boldsymbol{w}^{\mathrm{T}}\hat{\boldsymbol{x}}$ 预测新图像块 $\hat{\boldsymbol{x}}$ 的响应.

HCMB15 算法充分利用循环矩阵 $\boldsymbol{X}$, 可写成 $\boldsymbol{X} = \boldsymbol{F}\mathrm{diag}(\mathcal{F}(\boldsymbol{x}))\boldsymbol{F}^{\dagger}$, 其中 $\boldsymbol{F}$ 是傅里叶变换矩阵, $\mathcal{F}(\boldsymbol{x}) = \sqrt{n}\boldsymbol{F}\boldsymbol{x}$ 是离散傅里叶变换 (DFT), 且 $\mathrm{diag}(\boldsymbol{v})$ 是由任意向量 $\boldsymbol{v}$ 形成的对角矩阵. 利用该性质, HCMB15 算法可在时间 $O(n\log(n))$ 内有效地获得解 (即式 (6.4)) [87], 这比时间复杂度为 $O(n^3)$ 的矩阵求逆及乘积的方法更快速.

在探测阶段, 一个给定的 n 像素基础候选图像块可用一个 n 维的列向量 $\boldsymbol{z}$ 表示, 且被用来产生 n 个虚拟候选图像块, 对应于 $n \times n$ 的循环矩阵 $\boldsymbol{Z} = \mathcal{C}(\boldsymbol{z})$. 该矩阵的第 i 行对应着第 i 个 (虚拟) 候选图像块. 因此, 这些图像块的响应可被预测为

$$\hat{\boldsymbol{y}} = Z\boldsymbol{w} \tag{6.5}$$

其中 $\hat{\boldsymbol{y}}$ 的第 i 个元素对应于第 i 个候选图像块的响应. 在 $\hat{\boldsymbol{y}}$ 中最大响应的元素揭示了目标候选图像块, 即探测了目标的位置. 该图像块将作为下一个训练—探测过程

的基础样本图像块.

6.2 量子算法

本节介绍一个基于 HCMB15 算法的量子视觉追踪算法, 该算法主要考虑一维单通道图像. 正如经典的 HCMB15 算法一样, 该量子算法也包括两个阶段：训练和探测. 首先, 6.2.1 小节介绍一种扩展的循环哈密顿量模拟技术, 该技术是量子视觉追踪算法的基础子步骤. 接着, 在 6.2.2 小节中产生编码训练阶段输出的量子态 $|\boldsymbol{w}\rangle$(归一化 $\boldsymbol{w}$). 然后, 在 6.2.3 小节中产生探测阶段最终编码响应的量子态 $|\hat{\boldsymbol{y}}\rangle$ (归一化 $\hat{\boldsymbol{y}}$). 6.2.4 小节分析该量子算法的运行时间, 并在最后一节 (即 6.2.5 小节) 将算法推广到二维单通道图像.

6.2.1 扩展循环哈密顿量模拟

因为等式(6.1)描述了一个一般的 $n\times n$ 循环矩阵, 用 $\boldsymbol{X}$ 表示任意一个 $n\times n$ 的循环矩阵. 当 $\boldsymbol{X}$ 是厄米矩阵, 即 $\boldsymbol{X}=\boldsymbol{X}^{\dagger}$ 时, 在假设给定量子黑盒 $O_{\boldsymbol{x}}|0\rangle^{\otimes\lceil\log n\rceil}=\sum_{i=1}^{n}\sqrt{x_i}|i\rangle$ 可在时间 $O(\text{polylog}(n))$ 内有效实现, 以及 $\sum_{i=1}^{n}x_i=1$ 的前提下, Zhou 和 Wang 提出了一个利用酉操作线性分解方法 [16] 高效实现 $\mathrm{e}^{-\mathrm{i}\boldsymbol{X}t}$ 的量子算法 [92]. 该算法在

$$O\left[\frac{t\text{polylog}(n)\log(t/\varepsilon)}{\log\log(t/\varepsilon)}\right] \tag{6.6}$$

时间内可使 $\mathrm{e}^{-\mathrm{i}\boldsymbol{X}t}$ 的谱范数误差控制在 ε 内. 该算法注意到 $\boldsymbol{X}$ 可以分解成 n 个可高效实现的酉算子的线性组合, 即

$$\boldsymbol{X}=\sum_{j=1}^{n}x_jV_j \tag{6.7}$$

其中 $V_j=\sum_{l=0}^{n-1}|(l-j+1)\bmod n\rangle\langle l|\,(j=1,2,\cdots,n)$, 且可使用 $O(\log(n))$ 个单量子比特门或者双量子比特门实现.

然而, 在一般情况下 $\boldsymbol{X}$ 不是厄米矩阵, 因此不能直接通过上述算法 [92] 进行模拟. 为了克服该困难, 取扩展的循环哈密顿量

$$\begin{aligned}\tilde{\boldsymbol{X}}&=|0\rangle\langle 1|\otimes\boldsymbol{X}+|1\rangle\langle 0|\otimes\boldsymbol{X}^{\dagger}\\&=\begin{bmatrix}0&\boldsymbol{X}\\\boldsymbol{X}^{\dagger}&0\end{bmatrix}\end{aligned}\tag{6.8}$$

观察到 $\tilde{\boldsymbol{X}}$ 也可以写成简单酉算子的线性组合, 即

$$\begin{aligned}\tilde{\boldsymbol{X}}&=\sum_{j=1}^{n}x_j(|0\rangle\langle 1|\otimes V_j+|1\rangle\langle 0|\otimes V_j^{\dagger})\\&=\sum_{j=1}^{n}x_j(\sigma_X\otimes I)(|0\rangle\langle 0|\otimes V_j+|1\rangle\langle 1|\otimes V_j^{\dagger})\\&=\sum_{j=1}^{n}x_j\tilde{V}_j\end{aligned}\tag{6.9}$$

其中 σ_X 是 Pauli-X 门 (NOT 门)[10]. 因此, 按照 Zhou 和 Wang 的算法 [92], 也可以使用酉操作线性分解的方法 [16] 设计一种高效量子算法来实现 $\mathrm{e}^{-\mathrm{i}\tilde{\boldsymbol{X}}t}$, 并使其 (谱范数) 误差在 ε 内. 该结果呈现在以下定理中.

定理 6.1 (扩展哈密顿量模拟) 存在量子算法, 经调用 $O\left(t\log(t/\varepsilon)/\log\log(t/\varepsilon)\right)$ 次受控 $O_{\boldsymbol{x}}$(即 $|0\rangle\langle 0|\otimes I+|1\rangle\langle 1|\otimes O_{\boldsymbol{x}}$), 以及执行 $O\left[\dfrac{t\log(n)\log(t/\varepsilon)}{\log\log(t/\varepsilon)}\right]$ 个单量子或者双量子比特门, 可在 ε 误差内高效实现 $\mathrm{e}^{-\mathrm{i}\tilde{\boldsymbol{X}}t}$.

证明 该定理的证明可遵循文献 [92] 中定理 4.1 的证明. 在定理 4.1 的证明中, 作者构造了一个涉及一系列受控 $O_{\boldsymbol{x}}$ 和受控 V_j 以及它们逆操作的量子算法. 为了证明上述定理, 可以构造一个类似的量子算法, 只是使用 $\tilde{V}_j$ 代替 V_j. 从等式 (6.9)中很容易看出 $\tilde{V}_j$ 与 V_j 一样, 也可使用 $O(\log(n))$ 个单量子比特门或双量子比特门有效实现.

根据该定理, 假设 $O_{\boldsymbol{x}}$ 可在时间 $O(\text{polylog}(n))$ 内实现, $\mathrm{e}^{-\mathrm{i}\tilde{\boldsymbol{X}}t}$ 可在 ε 误差内高效实现的时间复杂度为 $O\left(t\text{polylog}(n)\log(t/\varepsilon)/\log\log(t/\varepsilon)\right)$. 对于任意一个循环矩阵 $\boldsymbol{X}$, $\mathrm{e}^{-\mathrm{i}\tilde{\boldsymbol{X}}t}$ 的高效实现将为接下来的量子视觉追踪算法设计打下基础.

6.2.2 训练阶段

训练阶段旨在产生量子态 $|\boldsymbol{w}\rangle$. 为了获得 $\boldsymbol{w}(|\boldsymbol{w}\rangle)$ 更简洁的表达形式, 对 $\boldsymbol{X}$ 进行奇异值分解:

$$\boldsymbol{X}=\sum_{j=1}^{n}\lambda_j|\boldsymbol{u}_j\rangle\langle\boldsymbol{v}_j|$$

其中 $\{\lambda_j\}_{j=1}^n$, $\{|\boldsymbol{u}_j\rangle\}_{j=1}^n$ 和 $\{|\boldsymbol{v}_j\rangle\}_{j=1}^n$ 分别表示矩阵 $\boldsymbol{X}$ 的奇异值、左奇异向量和右奇异向量. 因此根据等式 (6.8)的定义可知, $\tilde{\boldsymbol{X}}$ 有 $2n$ 个特征值 $\{\pm\lambda_j\}_{j=1}^n$, 以及对应的特征向量 $\left\{\left|\boldsymbol{w}_j^{\pm}\right\rangle\right\}_{j=1}^n$, 其中

$$\left|\boldsymbol{w}_j^{\pm}\right\rangle=(|0\rangle|\boldsymbol{u}_j\rangle\pm|1\rangle|\boldsymbol{v}_j\rangle)/\sqrt{2} \tag{6.10}$$

由于 $\{|\boldsymbol{u}_j\rangle\}_{j=1}^n$ 构成空间 $\mathbb{R}^n$ 的一组标准正交基, 因此 $\boldsymbol{y}$ 可以写成正交基的线性组合, 即 $\boldsymbol{y}=\sum_{j=1}^{n}\beta_j\|\boldsymbol{y}\||\boldsymbol{u}_j\rangle$. 在这种情况下, 岭回归的解 $\boldsymbol{w}$(即等式 (6.4)) 可以重新写为

$$\boldsymbol{w}=\sum_{j=1}^{n}\frac{\beta_j\lambda_j\|\boldsymbol{y}\|}{\lambda_j^2+\alpha}|\boldsymbol{v}_j\rangle \tag{6.11}$$

值得注意的是, 岭回归参数 α 的选择将影响岭回归预测数据性能. 可以利用上一章所介绍的量子交叉验证方法高效地选择一个较好的 α, 使得该岭回归模型具有较好的预测性能.

训练阶段生成 $|\boldsymbol{w}\rangle$(等式 (6.11)归一化) 的详细过程如下所示, 相应的量子电路如图 6.2 所示.

(1) 准备 3 个量子寄存器, 且初始状态为 $(|0\rangle|\boldsymbol{y}\rangle)(|0\rangle^{\otimes s_0})|0\rangle$, 其中

$$\begin{aligned}|0\rangle|\boldsymbol{y}\rangle &= |0\rangle\left(\sum_{j=1}^{n}\beta_j|\boldsymbol{u}_j\rangle\right)\\ &= \sum_{j=1}^{n}\beta_j\left(\frac{\left|\boldsymbol{w}_j^+\right\rangle+\left|\boldsymbol{w}_j^-\right\rangle}{\sqrt{2}}\right)\end{aligned} \tag{6.12}$$

这里 s_0 定义为在下一步中用于存储特征值的量子比特数目. 因此, 岭回归的所有样本的目标值 $(y_1, y_2, \cdots, y_n)$ 均编码在 $|\boldsymbol{y}\rangle$ 的幅度上. 制备 $|\boldsymbol{y}\rangle$ 更详细的过程见附录 B.1.

(2) 在前两个寄存器上执行关于 $\mathrm{e}^{-\mathrm{i}\tilde{\boldsymbol{X}}t_0}$ 的相位估计之后, 整个系统的量子态为

$$\sum_{j=1}^{n}\beta_j\left(\frac{\left|\boldsymbol{w}_j^+\right\rangle|\lambda_j\rangle+\left|\boldsymbol{w}_j^-\right\rangle|-\lambda_j\rangle}{\sqrt{2}}\right)|0\rangle \tag{6.13}$$

(3) 受控于特征值寄存器, 对最后一个寄存器 (量子比特) 执行受控旋转操作, 得到量子态

$$\begin{aligned}\sum_{j=1}^{n}\beta_j\Bigg[&\left|\boldsymbol{w}_j^+\right\rangle|\lambda_j\rangle\left(\frac{C\lambda_j}{\lambda_j^2+\alpha}|1\rangle+\sqrt{1-\left(\frac{C\lambda_j}{\lambda_j^2+\alpha}\right)^2}|0\rangle\right)\Big/\sqrt{2}\\ &+\left|\boldsymbol{w}_j^-\right\rangle|-\lambda_j\rangle\left(\frac{-C\lambda_j}{\lambda_j^2+\alpha}|1\rangle+\sqrt{1-\left(-\frac{C\lambda_j}{\lambda_j^2+\alpha}\right)^2}|0\rangle\right)\Big/\sqrt{2}\Bigg]\end{aligned} \tag{6.14}$$

其中 $C=O\left(\min\limits_j\lambda_j\right)$. 换句话说, 最后一个量子比特受控于 $|\lambda\rangle$ 的旋转角度为

$$\theta(\lambda)=\arcsin\left(\frac{C\lambda}{\lambda^2+\alpha}\right)$$

其中 $|\lambda\rangle$ 为特征值. 为了实现这个目标, 使用文献 [48] 中所提方法来用 $|\lambda\rangle$ 构造 $|\theta(\lambda)\rangle$. 首先截断 $\theta(\lambda)$ 关于 λ 的泰勒级数至某个阶来获得 $\theta(\lambda)$ 的近似值, 并且通过执行一系列量子乘法和量子加法操作 [48] 来获得相应的 $|\theta(\lambda)\rangle$.

(4) 通过执行步骤 (2) 中相位估计的逆操作, 并测量最后一个量子比特以获得测

量结果 $|1\rangle$, 获得第一个寄存器的量子态

$$|1\rangle\left(\sum_{j=1}^{n}\frac{C\beta_j\lambda_j}{\lambda_j^2+\alpha}|\boldsymbol{v}_j\rangle\Big/\sqrt{\sum_{j=1}^{n}\left(\frac{C\beta_j\lambda_j}{\lambda_j^2+\alpha}\right)^2}\right)=|1\rangle|\boldsymbol{w}\rangle \tag{6.15}$$

丢掉 $|1\rangle$ 之后, 可以得到所需的量子态 $|\boldsymbol{w}\rangle$.

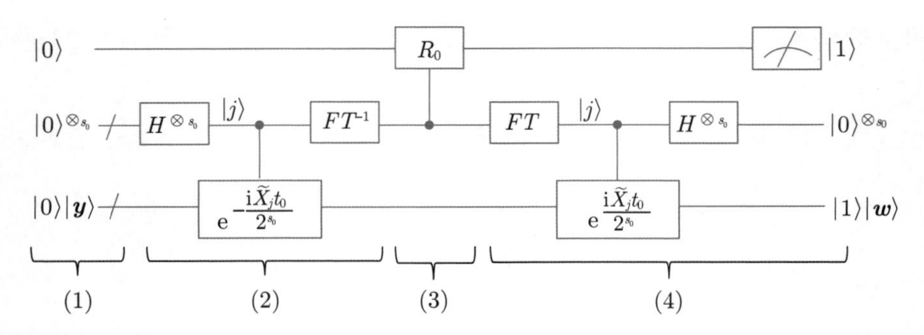

图6.2　训练阶段的量子电路图

数字(1)，(2)，(3)和(4)代表训练阶段4个步骤，“/”代表一串线路，H为Hadamard操作，FT 代表量子傅里叶变换[10]，且受控R_0代表训练阶段步骤(3)的受控旋转操作.

6.2.3　探测阶段

在训练阶段, 算法已经获得作为分类器的量子态 $|\boldsymbol{w}\rangle$. 这样, 可以进入下一阶段, 即探测阶段. 在探测阶段, 根据式 (6.5), 通过对量子态 $|\boldsymbol{w}\rangle$ 执行操作 $\boldsymbol{Z}$, 最终生成想要得到的量子态 $|\hat{\boldsymbol{y}}\rangle$. 为了得到更简洁的 $|\hat{\boldsymbol{y}}\rangle$, 考虑 $\boldsymbol{Z}$ 的奇异值分解:

$$\boldsymbol{Z}=\sum_{j=1}^{n}\gamma_j|\boldsymbol{p}_j\rangle\langle\boldsymbol{q}_j| \tag{6.16}$$

其中 $\{\gamma_j\}_{j=1}^n$, $\{|\boldsymbol{p}_j\rangle\}_{j=1}^n$ 和 $\{|\boldsymbol{q}_j\rangle\}_{j=1}^n$ 分别为 $\boldsymbol{Z}$ 的奇异值、左奇异向量和右奇异向量. 很显然, $|\boldsymbol{w}\rangle$ 处于由 $\{|\boldsymbol{q}_j\rangle\}_{j=1}^n$ 张成的空间, 因此可以写成它们的线性组合, 即

$|\boldsymbol{w}\rangle = \sum_{j=1}^{n} \delta_j |\boldsymbol{q}_j\rangle$. 基于此, $|\hat{\boldsymbol{y}}\rangle$ 可以重新写成

$$|\hat{\boldsymbol{y}}\rangle = \sum_{j=1}^{n} \gamma_j \delta_j |\boldsymbol{p}_j\rangle \Big/ \sqrt{\sum_{j=1}^{n} \gamma_j^2 \delta_j^2} \tag{6.17}$$

与训练阶段类似, 此阶段也取 $\boldsymbol{Z}$ 的扩展形式, $\tilde{\boldsymbol{Z}} = |0\rangle\langle 1| \otimes \boldsymbol{Z} + |1\rangle\langle 0| \otimes \boldsymbol{Z}^{\dagger}$. 该扩展的循环哈密顿矩阵也有 $2n$ 个特征值 $\{\pm\gamma_j\}_{j=1}^{n}$, 以及对应的特征向量 $\{\left|\boldsymbol{r}_j^{\pm}\right\rangle = (|0\rangle|\boldsymbol{p}_j\rangle \pm |1\rangle|\boldsymbol{q}_j\rangle)/\sqrt{2}\}_{j=1}^{n}$. 这里仍假设提供均可在时间 $O[\mathrm{polylog}(n)]$ 内高效执行的量子黑盒 $O_{\boldsymbol{z}}$: $|0\rangle^{\log\lceil n\rceil} \mapsto \sum_{i=1}^{n} \sqrt{z_i}|i\rangle$ 及其受控形式, 以及 $\sum_{i=1}^{n} z_i = 1$. 在这些假设条件下, 通过定理 6.1 可知 $\mathrm{e}^{-\mathrm{i}\tilde{\boldsymbol{Z}}t}$ 可被高效实现. 基于此, 算法可以通过以下步骤生成目标量子态 $|\hat{\boldsymbol{y}}\rangle$, 其相应的量子电路如图 6.3 所示.

(1) 准备 3 个寄存器, 处于初始态 $(|1\rangle|\boldsymbol{w}\rangle)(|0\rangle^{\otimes s_1})|0\rangle$, 其中

$$\begin{aligned} |1\rangle|\boldsymbol{w}\rangle &= |1\rangle\left(\sum_{j=1}^{n}\delta_j|\boldsymbol{q}_j\rangle\right) \\ &= \sum_{j=1}^{n}\delta_j\left(\frac{\left|\boldsymbol{r}_j^{+}\right\rangle - \left|\boldsymbol{r}_j^{-}\right\rangle}{\sqrt{2}}\right) \end{aligned} \tag{6.18}$$

且 s_1 表示下一步相位估计所需的量子比特数目. 注意 $|\boldsymbol{w}\rangle$ 已经在训练阶段生成.

(2) 在前两个寄存器上执行关于酉操作 $\mathrm{e}^{-\mathrm{i}\tilde{\boldsymbol{Z}}t_1}$ 的相位估计, 得到

$$\sum_{j=1}^{n}\delta_j\left(\frac{\left|\boldsymbol{r}_j^{+}\right\rangle|\gamma_j\rangle - \left|\boldsymbol{r}_j^{-}\right\rangle|-\gamma_j\rangle}{\sqrt{2}}\right)|0\rangle \tag{6.19}$$

(3) 与训练阶段的步骤 (3) 类似, 也对最后两个寄存器执行受控旋转操作以获得整个系统的量子态

$$\sum_{j=1}^{n}\delta_j\left[\frac{\left|\boldsymbol{r}_j^{+}\right\rangle|\gamma_j\rangle(C'\gamma_j|1\rangle + \sqrt{1-(C'\gamma_j)^2}|0\rangle)}{\sqrt{2}}\right.$$

$$-\frac{\left|\boldsymbol{r}_j^-\right\rangle|-\gamma_j\rangle\left(-C'\gamma_j|1\rangle+\sqrt{1-(-C'\gamma_j)^2}|0\rangle\right)}{\sqrt{2}}\Bigg] \tag{6.20}$$

这里 $C'=O\left(\max\limits_j \gamma_j\right)^{-1}$.

受控旋转可用类似训练阶段中步骤 (3) 的方法来实现, 但角度 $\theta(\lambda)$ 被替换成 $\theta(\gamma)=\arcsin(C'\gamma)$, 其中 γ 表示存储在第二个寄存器中的特征值.

(4) 逆操作步骤 (2) 的相位估计并测量最后一个量子比特以获得测量结果 $|1\rangle$. 如果测量成功, 可获得第一个寄存器的量子态

$$|0\rangle\left(\sum_{j=1}^{n}C'\delta_j\gamma_j|\boldsymbol{p}_j\rangle\Big/\sqrt{\sum_{j=1}^{n}\left(C'\delta_j\gamma_j\right)^2}\right)=|0\rangle|\hat{\boldsymbol{y}}\rangle \tag{6.21}$$

然后, 丢掉 $|0\rangle$, 就可以得到所期望的量子态 $|\hat{\boldsymbol{y}}\rangle$.

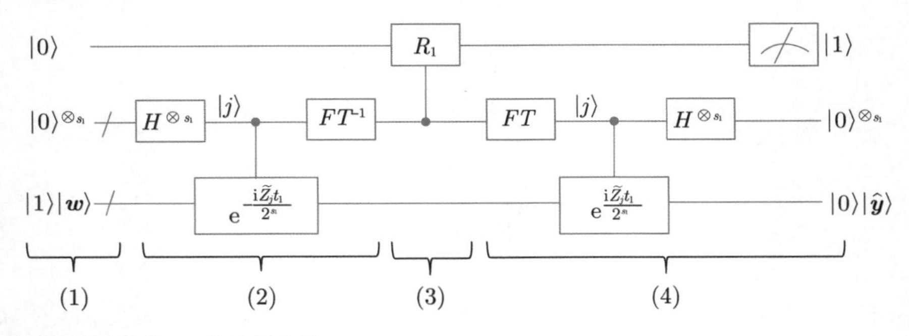

图6.3 探测阶段产生 $|\hat{y}\rangle$ 的量子电路

数字(1), (2), (3)和(4)分别代表探测过程的4个步骤. 受控R_1定义为探测阶段步骤(3)中的受控旋转操作.

6.2.4 时间复杂度分析

为了获得整个算法的时间复杂度, 我们分别分析训练阶段与探测阶段的时间复杂度.

在训练阶段, 误差来源于哈密顿量 $\tilde{\boldsymbol{X}}$ 模拟以及步骤 (2) 中的相位估计. 由于哈密顿量模拟的复杂度如 6.2.1 小节所示具有关于误差的逆的次对数 (sublogarithmically) 规模, 且相位估计的复杂度具有关于误差的逆的线性规模 [10], 所以误差主要

来源于相位估计. 相位估计在估计 λ($\boldsymbol{X}$ 的奇异值) 时会产生误差 $O(1/t_0)$, 因此在估计 $\lambda/(\lambda^2+\alpha)$ 时会产生相对误差

$$O\left(\frac{\lambda^2-\alpha}{t_0\lambda(\lambda^2+\alpha)}\right)=O\big(1/(t_0\lambda)\big) \tag{6.22}$$

由于 $\sum_{i=1}^{n}x_i=1$, $\boldsymbol{X}$ 的谱范数为 1, 从而 $1/\kappa_{\boldsymbol{X}}\leqslant\lambda\leqslant 1$, 其中 $\kappa_{\boldsymbol{X}}$ 为矩阵 $\boldsymbol{X}$ 的条件数. 根据 HHL 算法 [36] 的分析, 取 $t_0=O(\kappa_{\boldsymbol{X}}/\varepsilon)$ 可以得出最终误差为 ε. 在步骤 (3) 中, $\theta(\lambda)$ 可通过截断其泰勒展开至 $O\left(\frac{\log(1/\varepsilon)}{\log\log(1/\varepsilon)}\right)$ 阶使其近似至误差 ε 内, 这意味着需要执行 $O\left(\frac{\log(1/\varepsilon)}{\log\log(1/\varepsilon)}\right)$ 次包含量子加法和乘法运算操作的迭代 [48]. 由于特征值寄存器 $|\lambda_j\rangle$ (以及其他存储中间结果的附加寄存器) 需要 $O\left(\log(\kappa_X/\varepsilon)\right)$ 量子比特, 以确保 λ_j 可 (在步骤 (2)) 通过相位估计被估计至 $O(\varepsilon/\kappa_{\boldsymbol{X}})$ 误差范围内 [10], 每次迭代分别执行 $O\left(\log^2(\kappa_{\boldsymbol{X}}/\varepsilon)\right)$ 和 $O\left(\log(\kappa_{\boldsymbol{X}}/\varepsilon)\right)$ 个基础量子门以执行量子乘法和量子加法操作. 因此步骤 (3) 总的运行时间为 $O\left(\frac{\log(1/\varepsilon)\log^2(\kappa_{\boldsymbol{X}}/\varepsilon)}{\log\log(1/\varepsilon)}\right)$, 这相对步骤 (2) 的时间复杂度来说可以忽略不计. 在步骤 (4) 中, 由于 $C\lambda_j/(\lambda_j^2+\alpha)=\Omega(1/\kappa_{\boldsymbol{X}})$, 所以测得 $|1\rangle$ 的成功概率为

$$\sum_j\left(\frac{C\beta_j\lambda_j}{\lambda_j^2+\alpha}\right)^2=\Omega(1/\kappa_{\boldsymbol{X}}^2) \tag{6.23}$$

这意味着以高成功概率获得 $|1\rangle$ 需要 $O(\kappa_{\boldsymbol{X}}^2)$ 次测量. 而幅度放大只需要 $O(\kappa_{\boldsymbol{X}})$ 次迭代. 为方便起见, 这里 α 的范围为 $[1/\kappa_{\boldsymbol{X}}^2,1]$, 因为由式(6.4)可以很容易地看到当 α 太小时, 岭回归变为普通线性回归, 而当 α 太大时, 相当于对 $\boldsymbol{y}$ 执行 $\boldsymbol{X}^{\mathrm{T}}/\alpha$ 而非 $(\boldsymbol{X}^{\mathrm{T}}\boldsymbol{X}+\alpha\boldsymbol{I})^{-1}\boldsymbol{X}^{\mathrm{T}}$. 因此, 训练阶段产生 $|\boldsymbol{w}\rangle$ 的总的时间复杂度为 $T_{\boldsymbol{w}}=\tilde{O}(\mathrm{polylog}(n)\kappa_{\boldsymbol{X}}^2/\varepsilon)$, 其中 $\tilde{O}$ 经常用来表示去除如定理 6.1 中对数多项式等量较小的项之后的复杂度.

在探测阶段, 类似于训练阶段产生量子态 $|\hat{\boldsymbol{w}}\rangle$, 产生 $|\hat{\boldsymbol{y}}\rangle$ 的误差也主要来源于步骤 (2) 中的相位估计. 在估计 γ 的时候, 相位估计会产生相对误差 $O(1/\gamma)$, 其中

γ 表示矩阵 $\boldsymbol{Z}$ 的奇异值. 因为 $\sum_i z_i = 1$, $\boldsymbol{Z}$ 的谱范数也为 1, 因此 $1/\kappa_{\boldsymbol{Z}} \leqslant \gamma \leqslant 1$, 其中 $\kappa_{\boldsymbol{Z}}$ 为矩阵 $\boldsymbol{Z}$ 的条件数. 所以令 $t_1 = O(\kappa_{\boldsymbol{Z}}/\varepsilon)$ 会导致产生 $|\hat{\boldsymbol{y}}\rangle$ 的最终误差为 ε. 在步骤 (4) 中, 测得结果 $|1\rangle$ 的成功概率为 $\sum_{j=1}^{n} \left(C'\delta_j\gamma_j\right)^2 = \Omega(1/\kappa_{\boldsymbol{Z}}^2)$, 这意味着以高概率获得 $|1\rangle$ 需要 $O(\kappa_{\boldsymbol{Z}})$ 次幅度放大. 如果把在步骤 (1) 中 (训练阶段) 产生 $|\boldsymbol{w}\rangle$ 的时间考虑进去, 那么探测阶段的总时间为 $\tilde{O}\left(\kappa_{\boldsymbol{Z}}(\text{polylog}(n)\kappa_{\boldsymbol{Z}}/\varepsilon + T_{\boldsymbol{w}})\right) = \tilde{O}\left(\text{polylog}(n)\kappa_{\boldsymbol{Z}}(\kappa_{\boldsymbol{Z}} + \kappa_{\boldsymbol{X}}^2)/\varepsilon\right)$.

量子视觉追踪算法的整体时间复杂度与探测阶段的时间复杂度相同, 这是因为训练阶段产生 $|\boldsymbol{w}\rangle$ 已经归纳到探测阶段第一步. 这意味着与以时间复杂度 $O(n\log(n))$ 产生 $\boldsymbol{w}$ 和 $\hat{\boldsymbol{y}}$ 的经典 HCMB15 算法相比, 当 $\kappa_{\boldsymbol{X}}, \kappa_{\boldsymbol{Z}}, 1/\varepsilon = O(\text{polylog}(n))$ 时, 量子算法产生相应量子态 $|\boldsymbol{w}\rangle$ 和 $|\hat{\boldsymbol{y}}\rangle$ 花费时间有指数级别的降低. 该量子算法和经典 HCMB15 算法的详细比较可见表 6.1.

表 6.1　量子视觉追踪算法在输入、输出和时间复杂度方面与经典 HCMB15 算法的比较

算法	输入	输出	时间复杂度
经典 HCMB15 算法	$\boldsymbol{x}, \boldsymbol{z}, \boldsymbol{y}, \alpha$	$\hat{\boldsymbol{y}}$	$O(n\log(n))$
量子视觉追踪算法	受控 $O_{\boldsymbol{x}}$, 受控 $O_{\boldsymbol{z}}$, $\|\boldsymbol{y}\rangle$, α	$\|\hat{\boldsymbol{y}}\rangle$	$\tilde{O}\left(\text{polylog}(n)\kappa_{\boldsymbol{Z}}(\kappa_{\boldsymbol{Z}} + \kappa_{\boldsymbol{X}}^2)/\varepsilon\right)$

如果使用输出状态 $|\hat{\boldsymbol{y}}\rangle$ 来实现其他特定的任务, 则需要考虑更多的运行时间. 例如, 考虑 HCMB15 算法的最终任务, 即探测目标候选图像块, 这需要通过采样 $|\hat{\boldsymbol{y}}\rangle$ 去识别其最大平方幅度 (用 $p_{\max}$ 来表示) 的元素的位置. 然后需要采样 $O(1/p_{\max})$ 次以揭示 $p_{\max}$, 但当 $1/p_{\max} = O(\text{polylog}(n))$ 时, 该方法才会高效. 然而, 在实际情况中, 当目标在探测帧中清晰可见时, $\hat{\boldsymbol{y}}$ 中的元素大致等于 $\boldsymbol{y}$ 中的元素 [93]. 在这种情况下, 根据附录 B.1 中的结果, $|\hat{\boldsymbol{y}}\rangle$ 中最大平方幅度 (squared amplitude, 幅度的平方) 接近于 $|\boldsymbol{y}\rangle$ 的平方幅度, 即 $p_{\max} = 1/\left(\sum_{i=1}^{n} y_i^2\right) \approx \frac{2\sqrt{2}}{\sqrt{\pi}s} = O(1/\sqrt{n})$. 这意味着为了揭示 $|\hat{\boldsymbol{y}}\rangle$ 的最大平方幅度, 需要对 $\Omega(\sqrt{n})$ 份 $|\hat{\boldsymbol{y}}\rangle$ 进行采样. 因此, 量子算法解决该任务需要的整体运行时间为

$$\Omega\left(\sqrt{n}\text{polylog}(n)\kappa_{\boldsymbol{Z}}(\kappa_{\boldsymbol{Z}} + \kappa_{\boldsymbol{X}}^2)/\varepsilon\right)$$

这相比经典 HCMB15 算法最多具有平方加速的效果. 在下一节 (即 6.3 节), 将专注于使用 $|\hat{\boldsymbol{y}}\rangle$ 高效地执行其他与视觉追踪相关的有趣任务, 而不是对其进行很耗时的采样.

6.2.5 扩展到二维图片

对于二维图片, 一个大小为 $n\times m$ 的基础样本图像块可由一个 $n\times m$ 的矩阵 $\boldsymbol{x}$ 表示, 其第 j 行 $(1\leqslant j\leqslant n)$ 记为一个 m 维向量 $\boldsymbol{x}_j$. 所有样本对应于 $\boldsymbol{x}$ 在水平和垂直方向上的循环移位, 并且可以通过具有循环块的块循环矩阵表示 [88], 从而得到一个 $nm\times nm$ 的数据矩阵

$$\boldsymbol{X}=\begin{bmatrix}\mathcal{C}(\boldsymbol{x}_1) & \mathcal{C}(\boldsymbol{x}_2) & \mathcal{C}(\boldsymbol{x}_3) & \cdots & \mathcal{C}(\boldsymbol{x}_n)\\ \mathcal{C}(\boldsymbol{x}_n) & \mathcal{C}(\boldsymbol{x}_1) & \mathcal{C}(\boldsymbol{x}_2) & \cdots & \mathcal{C}(\boldsymbol{x}_{n-1})\\ \vdots & \vdots & \vdots & \ddots & \vdots\\ \mathcal{C}(\boldsymbol{x}_2) & \mathcal{C}(\boldsymbol{x}_3) & \mathcal{C}(\boldsymbol{x}_4) & \cdots & \mathcal{C}(\boldsymbol{x}_1)\end{bmatrix} \tag{6.24}$$

该矩阵对应于式 (6.1)的二维图像版本, 且可被分解为

$$\boldsymbol{X}=\sum_{j=1}^{n}V_j\otimes\mathcal{C}(\boldsymbol{x}_j)=\sum_{j=1}^{n}\sum_{k=1}^{m}\boldsymbol{x}_{jk}V_j\otimes V_k' \tag{6.25}$$

其中 $V_k'=\sum\limits_{l=0}^{m-1}|(l-k+1)\mod m\rangle\langle l|$ 可在 $O(\log(m))$ 时间内高效实现.

假设给定一个量子黑盒 $O_{\boldsymbol{x}}$ 满足 $O_{\boldsymbol{x}}|0\rangle^{\otimes\lceil\log nm\rceil}=\sum\limits_{i=1}^{n}\sum\limits_{j=1}^{m}\sqrt{\boldsymbol{x}_{jk}}|j\rangle|k\rangle$, 以及 $\sum\limits_{jk}\boldsymbol{x}_{jk}=1$. 通过将维度从 n 扩展到 nm, 扩展的循环哈密顿矩阵 $\tilde{\boldsymbol{X}}=|0\rangle\langle1|\otimes\boldsymbol{X}+|1\rangle\langle0|\otimes\boldsymbol{X}^\dagger$ 如定理 6.1 所示可被高效模拟. 该能力可在量子计算机中执行如上两小节所描述的针对二维图像的训练和探测, 只是维度从 n 扩展到 nm.

6.3 应用

本节展示量子算法输出的响应量子态 $|\hat{\boldsymbol{y}}\rangle$ 如何充分用于高效实现与视觉追踪相关的两个重要任务：目标消失探测和运动行为匹配.

6.3.1 目标消失探测

目标消失探测的任务是在探测阶段探测候选图像块中目标是否已经消失. 如果目标没有消失, 如上节所述, $\hat{\boldsymbol{y}}$(式 (6.5)) 的元素集合, 即 HCMB15 算法探测阶段的输出会近似等于 $\boldsymbol{y}$ 的元素集合 [93]. 这意味着在这种情况下, $\hat{\boldsymbol{y}}$ 中的元素也近似遵循具有峰值的高斯分布. 然而如果目标已经从视频帧中消失, $\hat{\boldsymbol{y}}$ 元素集合中的元素分布变得更均匀 [93]. 也就是说, 在这种情况下量子态 $|\hat{\boldsymbol{y}}\rangle$ 更接近均匀叠加态 $|\mathbf{1}\rangle := \sum_{j=1}^{n-1} |j\rangle/\sqrt{n}$. 为了清楚地区分这两种情况, 使用量子交换测试技术 [23,57,73] 估计 $|\hat{\boldsymbol{y}}\rangle$ 和 $|\mathbf{1}\rangle$ 之间的重叠程度 $P_1 = |\langle\hat{\boldsymbol{y}}|\mathbf{1}\rangle|^2$, 以确定并量化这两个量子态之间接近的程度. 用于估计两个量子态重叠程度的量子交换测试量子电路如图 2.8 所示, 且该电路的深度与每个量子态的量子比特数目呈线性关系. 量子交换测试已经在量子光学 [94-96] 和一个基于门的量子计算机 [97] 中实现. 值得注意的是, 估计两个量子态重叠程度的任务也可以通过 Cincio 等人 [98] 最近提出的基于机器学习的更高效量子算法来实现. 这些算法可将电路深度显著降低, 甚至达到常数级别. 较低深度的量子算法意味着更少的量子门计算误差, 因此该算法确保量子态重叠程度估计任务可在近期量子计算机上更可靠、更稳健地实现.

通过设置一个阈值 ϑ_1, 如果 $P_1 \geqslant \vartheta_1$, 则判定该目标在追踪中已消失; 否则, 该目标被认为还在被追踪中. 根据文献 [23, 57, 73], P_1 可以通过 $O(1/\delta^2)$ 次量子交换测试达到精度 δ , 因此该任务仅需 $O(1/\delta^2)$ 份 $|\hat{\boldsymbol{y}}\rangle$(以及 $|\mathbf{1}\rangle$) 就可以完成, 而

不是上一节描述的采样 $|\hat{\boldsymbol{y}}\rangle$ 的方法所需的 $O(\sqrt{n})$ 份 $|\hat{\boldsymbol{y}}\rangle$. 这意味着与采样 $|\hat{\boldsymbol{y}}\rangle$ 相比, 在 $\delta=O(1/\text{polylog}(n))$ 可接受的情况下, 完成目标消失探测任务需要指数级别少份 $|\hat{\boldsymbol{y}}\rangle$.

为了更直观地显示 P_1 的值在上述两种情况下的差异, 用一个例子进行数值试验, 如图 6.4 所示. 在实验中, 人工随机生成一个训练帧、一个目标仍然被追踪的探测帧和一个目标在追踪中消失的探测帧. 对于目标仍存在的情况, $P_1=0.577$; 而对于目标消失的情况, $P_1=0.986$. 然后运行实验 50 次, 每种情况产生 50 个 P_1 值. 这些值显示在图 6.5 中. 从这个图中, 可以看到 $P_1\leqslant 0.6$ 对应于目标仍然存在的情况, 而 $P_1\geqslant 0.9$ 对应于目标消失的情况. 因此, 对于这个例子, 阈值 ϑ_1 取值为 0.75 较为合适.

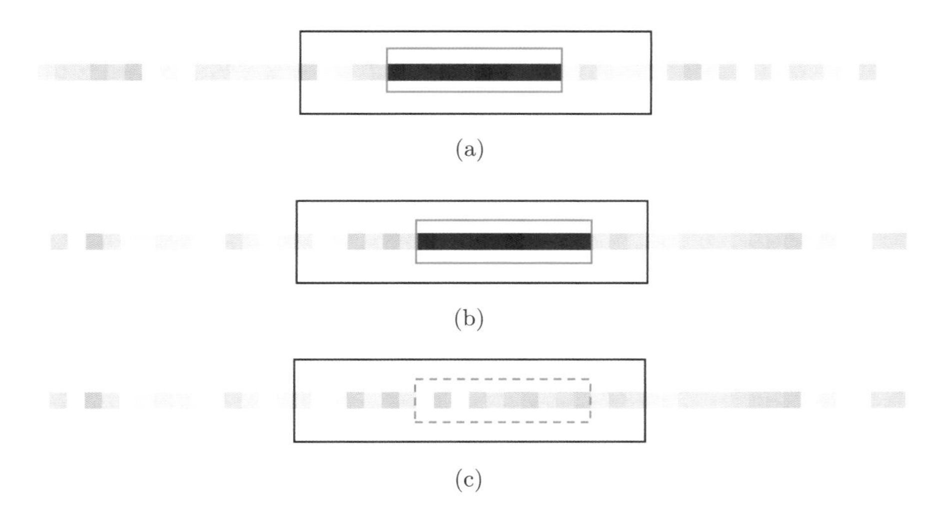

图6.4　数值试验举例

(a) 是训练帧，其中目标放置位于中心. 被矩形框框住的黑色填充矩形区域表示目标，被更大的矩形框框住的区域表示图像块. (b) 是探测帧，其中目标相对于(a)中的目标向右移动3个像素，但仍然存在于图像块中. (c) 是目标相对于(b)中物体消失的探测帧，其中虚线矩形表示物体应该处于的位置. 3个帧都是50像素的一维灰度图像. 图像块和目标大小分别为20像素和10像素.

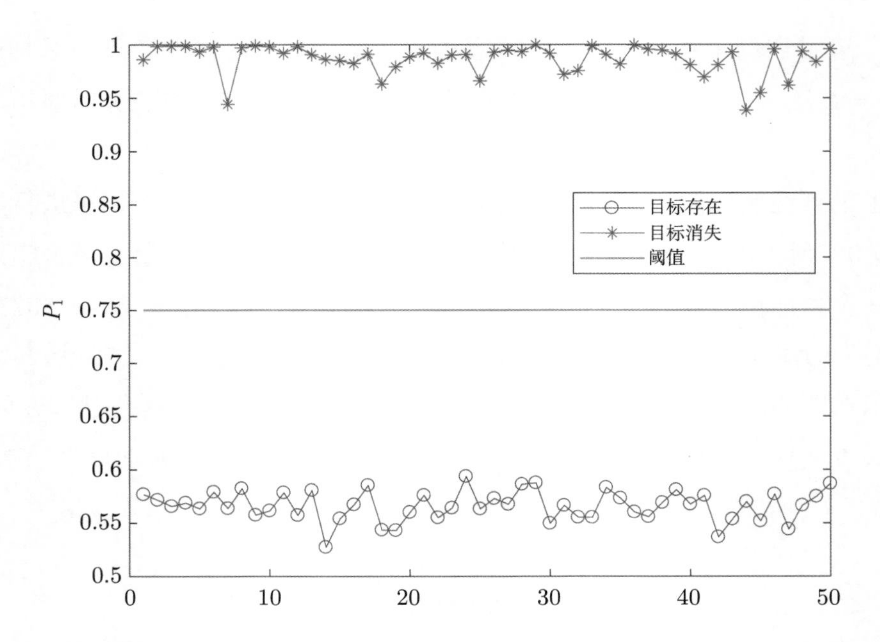

图6.5　对于目标在追踪中仍存在(圆点)和目标在追踪中消失(星点)的两种情况，执行图6.4所示实验50次后50个P_1值的比较

6.3.2　运动行为匹配

运动行为匹配的任务是确定视频中目标的运动行为是否与给定的运动行为模板 (template) 匹配. 更具体地说, 确定视频中的目标是否沿给定路径移动. 为了更直观地理解该任务, 图 6.6 给出了一个二维图像的简单例子. 使用的量子算法实现此任务的过程如以下步骤所述:

(1) 通过使用量子算法的训练阶段训练视频的整个初始帧 (而不是根据标准 HCMB15 算法所用的图像块), 并获得分类器 $|\boldsymbol{w}\rangle$.

(2) 在模板中选择包括初始帧中目标位置的 K 个位置, 通过将初始帧中的目标移动到这些位置来生成 K 个 "模板" 帧. 对这些模板利用上一步获得的 $|\boldsymbol{w}\rangle$ 执行量子算法的探测部分, 生成 K 个响应量子态 $\left|\hat{\boldsymbol{y}}_t^1\right\rangle, \left|\hat{\boldsymbol{y}}_t^2\right\rangle, \cdots, \left|\hat{\boldsymbol{y}}_t^K\right\rangle$.

(3) 从视频中适当选择 K 个 "实际" 帧. 如果实际目标运动行为与模板匹配, 则目标应位于 K 个选择的位置. 对应这些帧, 利用分类器 $|\boldsymbol{w}\rangle$ 执行量子视觉追踪算法探测部分来获得 K 个响应量子态 $\left|\hat{\boldsymbol{y}}_a^1\right\rangle, \left|\hat{\boldsymbol{y}}_a^2\right\rangle, \cdots, \left|\hat{\boldsymbol{y}}_a^K\right\rangle$. 这里假设目标移动速度的

信息是已知的, 因此这些实际的帧可以被适当地选择.

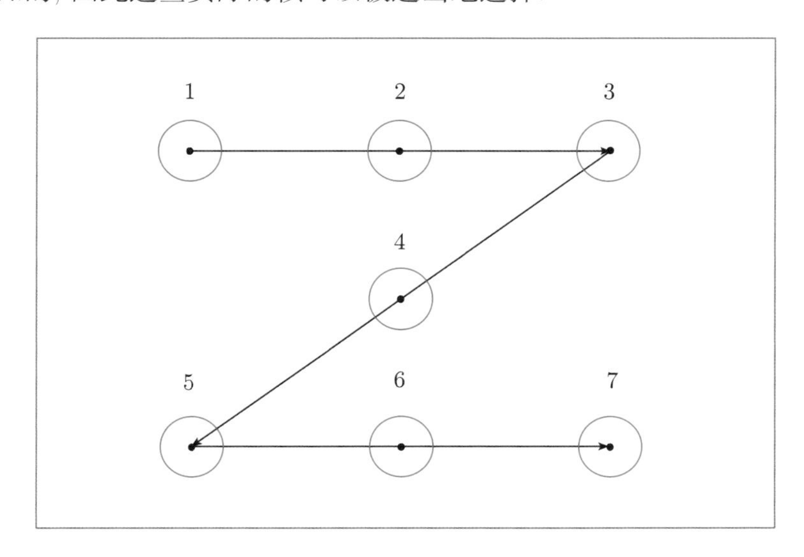

图6.6 运动行为匹配的一个简单示例

矩形框表示帧，圆圈表示目标，箭头线对应一个“Z”字形状的运动行为模板，数字1，2，⋯，7用于标记在模板中7个选定位置. 视频的初始帧的目标位于位置1. 如果视频中的目标运动行为与模板匹配，则视频中7个适当选择帧中的目标应该位于这7个位置.

(4) 使用量子交换测试估计 $|\psi_t\rangle$ 和 $|\psi_a\rangle$ 的接近程度 $P_2=|\langle\psi_t|\psi_a\rangle|^2$, 其中 $|\psi_t\rangle=\otimes_{k=1}^{K}\left|\hat{\boldsymbol{y}}_t^k\right\rangle$, $|\psi_a\rangle=\otimes_{k=1}^{K}\left|\hat{\boldsymbol{y}}_a^k\right\rangle$. 和估计 P_1 一样, 估计 P_2 可通过产生更少量子计算误差的常数深度的量子算法 [98] 来实现. 设置另一个阈值 ϑ_2, 如果 $P_2\geqslant\vartheta_2$, 则认为视频中目标的运动行为与模板匹配良好; 否则, 匹配失败.

在步骤 (4) 中, 通过使用 $O(1/\delta^2)$ 份量子态 $|\psi_t\rangle$ 和 $|\psi_a\rangle$ 可使 P_2 的估计精度达到 δ, 且每份需要 $2K$ 个响应量子态. 因此实现该任务总共需要响应量子态 ($|\psi_t\rangle$ 和 $|\psi_a\rangle$) 的份数为 $O(K/\delta^2)$. 此外, 如果 $K,1/\delta=O(\text{polylog}(n))$ 可接受, 那么 $O(K/\delta^2)=O(\text{polylog}(n))$. 实际上, 如果只想粗略地知道视频中目标的运动, 可以选择相对于视频帧数非常小的 K 值. 阈值 ϑ_2 的选择取决于要求目标移动与模板匹配的程度, 但实际上应合理地选取接近于 1 的 ϑ_2, 比如 $\vartheta_2=0.9$. 此外, 精度 δ 通常选为 $O(\vartheta_2)$, 比如 $\delta=\vartheta_2/10$. 综上所述, $O(K/\delta^2)$ 在实际中可能很小.

除了上述两个应用, 期望该算法可以用于实现其他有实际意义的任务.

本章小结

基于知名的经典 HCMB15 算法, 本章介绍了一种量子视觉追踪算法. 该量子算法首先训练一个以量子态呈现的岭回归分类器, 其中岭回归的最佳拟合参数编码在一个量子态的幅度上. 然后将探测帧上所有候选图像块执行放入分类器以生成一个响应量子态, 该量子态编码所有候选图像块的响应. 该量子算法充分利用高效的扩展循环哈密顿量模拟, 使得当数据矩阵条件数很低时, 这两个量子态均能在 $O(\text{polylog}(n))$ 时间内生成, 其中 n 是数据矩阵的维数. 这表明量子视觉追踪算法相对经典 HCMB15 算法具有指数加速的能力. 此外, 本章还介绍了如何使用量子视觉追踪算法高效地实现目标消失探测和运动行为匹配这两个任务.

本章介绍的量子视觉追踪算法以及使用的技术, 例如扩展循环哈密顿量模拟, 有望用于设计更多需要操纵循环矩阵的量子算法. 此外, 该算法或许能启发更多用于解决视觉跟踪以及其他计算机视觉问题的量子算法.

第 7 章

总结与展望

数据挖掘是一个利用智能算法从大量数据中挖掘出其中隐藏的有价值信息的过程. 它是知识发现的关键步骤, 也是密码分析的一个重要手段. 然而, 全球数据总量每年以指数规模增长, 这使得经典数据挖掘算法在处理大数据时将面临计算性能的巨大挑战. 量子计算利用量子叠加、量子纠缠等量子力学特性实现计算任务, 并在解决某些特定问题上相比经典计算具有显著的速度优势. 在此背景下, 人们近年已经开始探索如何利用量子计算高效解决数据挖掘问题, 并提出了解决多种数据挖掘问题的量子算法. 然而, 还有许多数据挖掘问题仍无能高效解决的量子算法. 本书针对四个重要的数据挖掘问题介绍相比经典算法具有显著加速优势的量子算法. 具体来说, 本书内容主要包括以下几个方面:

1. 量子关联规则挖掘算法. 该算法构建一个能够判断每个交易记录是否包含一个 k 项集的量子黑盒, 利用该黑盒执行并行量子幅度估计和量子幅度放大, 从候选 k 项集中快速挖掘得到频繁 k 项集及其支持度的经典信息. 相对经典算法, 该量子算

法至少关于候选 k 项集支持度估计误差具有平方加速效果.

2. 基于主成分分析的量子数据降维算法. 按照主成分分析的方法, 该算法以量子并行方式将指数级大的高维数据集降维至低维空间, 并获得编码所有低维数据集的量子态. 当低维空间的维数为高维空间的维数的多项式对数级时, 该量子算法相对经典算法具有指数加速效果. 此外, 所获得的编码了低维数据集的量子态可用于量子支持向量机算法和量子线性回归预测算法以降低数据维度, 这表明该量子算法可使量子机器学习在解决某些问题上能够抵抗"维数灾难".

3. 量子岭回归算法. 通过并行哈密顿量模拟技术, 该算法利用能够快速评估岭回归预测性能的量子交叉验证方法, 并用其确定一个好的岭回归参数, 使得该参数下的岭回归具有很好的预测性能. 然后, 对于该参数下的岭回归, 设计相应的量子电路以获得编码其最佳拟合参数的量子态. 该量子态可被用于预测新数据. 该算法能够处理非稀疏数据矩阵, 且当数据矩阵的条件数是其维数的多项式对数级时, 相对经典算法具有指数加速效果.

4. 量子视觉追踪算法. 该算法基于近年著名的经典 HCMB15 视觉追踪算法, 通过设计扩展的循环哈密顿量模拟技术, 首先构建一个能够分辨目标和环境的量子岭回归分类器, 产生编码岭回归拟合参数的量子态; 接着将所有候选图像块输入到分类器中, 得到编码所有候选图像块响应的量子态. 当图像数据矩阵的条件数是其维数的多项式对数级时, 该量子算法相比经典算法具有指数加速效果. 此外, 该算法还可应用于高效实现两个与视觉追踪相关的任务: 目标消失检测和运动行为匹配.

此外, 量子数据挖掘算法可能在以下几个方面值得更进一步探索:

1. 密码分析的量子数据挖掘算法. 由于数据挖掘能够分析密码系统中明密文可能隐藏的模式, 从而分析系统的安全性, 一个十分有趣的方向是设计可适用于分析密码系统安全的快速量子数据挖掘算法.

2. 改进现有的量子数据挖掘算法. 现有的量子数据挖掘算法往往在某些特定的条件下才相对经典算法具有加速效果, 因此探索如何在消除这些约束的条件下相对经典算法仍然取得加速优势具有重要意义. 此外, 量子计算本身的发展为改善现有量子数据挖掘算法提供更多的算法基础.

3. 针对尚无高效量子算法解决的数据挖掘问题, 介绍相应的量子算法. 量子数据挖掘领域仍然处于初始阶段, 许多相关问题尚无高效量子算法求解, 因此有必要研究解决更多数据挖掘问题的量子算法.

4. 更实用的量子数据挖掘算法. 现有的量子数据挖掘算法往往需要处理很多量子比特的通用量子计算机, 这在可预期的未来难以实现. 因此, 探索在小规模的量子计算机上解决数据问题的量子算法十分具有实际意义. 一个可能的解决方案是量子-经典结合算法, 例如 Farhi 提出的量子近似优化算法 (Quantum Approximate Optimization Algorithm)[100,101].

这些量子数据挖掘算法不仅能够有效解决"大数据"背景下经典计算机难以高效执行数据挖掘的难题, 还能帮助进一步了解量子计算的计算能力. 期待本书所介绍的量子算法能够启发更多解决大数据问题以及其他相关问题的量子算法.

附录A

量子岭回归算法补充材料

A.1 量子态制备

1. 制备量子态 $|\boldsymbol{y}\rangle$(子算法 1 的初始态).

假设提供一个可以访问 $\boldsymbol{y}$ 元素的量子黑盒 $O_{\boldsymbol{y}}$, 并有如下作用:

$$O_{\boldsymbol{y}}|j\rangle|0\rangle = |j\rangle|y_j\rangle \tag{A.1}$$

且能够在时间 $O(\text{polylog}(N))$ 内有效执行. 利用该黑盒按照如下过程制备所期望得到的 $|\boldsymbol{y}\rangle$:

(1) 给定量子态 $\left(\sum_{j=1}^{N}|j\rangle|0\rangle\right)/\sqrt{N}$, 对其执行 $O_{\boldsymbol{y}}$ 操作, 则生成 $\sum_{j=1}^{N}\frac{|j\rangle|y_j\rangle}{\sqrt{N}}$.

(2) 附加一个量子比特, 并执行控制旋转操作以产生状态

$$\sum_{j=1}^{N}\frac{|j\rangle|y_j\rangle}{\sqrt{N}}\left(\sqrt{1-\left(\frac{y_j}{\|\boldsymbol{y}\|_{\max}}\right)^2}|0\rangle+\frac{y_j}{\|\boldsymbol{y}\|_{\max}}|1\rangle\right)$$

(3) 执行 $O_{\boldsymbol{y}}$ 逆操作, 并测量最后一个量子比特, 将以概率 $P_{\boldsymbol{y}}=\left(\sum_{j=1}^{N}y_j^2\right)/(N\|\boldsymbol{y}\|_{\max}^2)$ 测得 $|1\rangle$. 当得到 $|1\rangle$ 时, 第一寄存器将处于所期望得到的量子态 $|\boldsymbol{y}\rangle$.

因为 $\boldsymbol{y}$ 是平衡的, 所以 $P_{\boldsymbol{y}}=\Omega(1)$. 这意味着需要通过 $O(1)$ 次的测量 (以及 $O_{\boldsymbol{y}}$) 才能以大概率得到 $|\boldsymbol{y}\rangle$. 因此, 产生 $|\boldsymbol{y}\rangle$ 需要的总时间为 $O(\text{polylog}(N))$.

此外, 通过幅度估计 [22] 重复执行 $O\left(\sqrt{P_{\boldsymbol{y}}(1-P_{\boldsymbol{y}})}/\hat{\varepsilon}_{\boldsymbol{y}}\right)$ 次 $O_{\boldsymbol{y}}$ 和它的逆, 使得 $P_{\boldsymbol{y}}$ 可以以绝对误差 $\hat{\varepsilon}_{\boldsymbol{y}}$ 被估计. 因此 $P_{\boldsymbol{y}}$ 可在时间

$$O\left(\sqrt{(1-P_{\boldsymbol{y}})/P_{\boldsymbol{y}}}/\varepsilon_{\boldsymbol{y}}\times\text{polylog}(N)\right)=O\left(\text{polylog}(N)/\varepsilon_{\boldsymbol{y}}\right)$$

内被估计至相对误差 $\varepsilon_{\boldsymbol{y}}=\hat{\varepsilon}_{\boldsymbol{y}}/P_{\boldsymbol{y}}$. 这里需要注意到 $P_{\boldsymbol{y}}=\Omega(1)$. 更进一步, 由于 $\|\boldsymbol{y}\|^2=\sum_{j=1}^{N}y_j^2=NP_{\boldsymbol{y}}\|\boldsymbol{y}\|_{\max}$, $\|\boldsymbol{y}\|^2$ 可通过估计 $P_{\boldsymbol{y}}$ 在时间 $O\left(\text{polylog}(N)/\varepsilon_{\boldsymbol{y}}\right)$ 内被估计至相对误差 $\varepsilon_{\boldsymbol{y}}$.

2. 制备 $|\psi_0\rangle$ (子算法 2 的初始状态).

为了产生量子态

$$|\psi_0\rangle=\frac{\sum_{l=1}^{K}\left(\sum_{\tau\in S_l}|\tau\rangle\right)\otimes\|\boldsymbol{y}_{-l}\||0,\boldsymbol{y}_{-l}\rangle}{\sqrt{\sum_{l=1}^{K}N\|\boldsymbol{y}_{-l}\|^2/K}}$$

$$= \frac{\sum_{l=1}^{K}\left(\sum_{\tau\in S_l}|\tau\rangle\right)\otimes\left(\sum_{j=1,j\notin S_l}^{N}\boldsymbol{y}_j|0,j\rangle\right)}{\sqrt{\sum_{l=1}^{K}N\|\boldsymbol{y}_{-l}\|^2/K}} \tag{A.2}$$

首先制备

$$\left[\left(\sum_{i=1}^{N}|i\rangle\right)/\sqrt{N}\right]|0,\boldsymbol{y}\rangle = \left[\left(\sum_{l=1}^{K}\sum_{\tau\in S_l}|\tau\rangle\right)/\sqrt{N}\right]\left[\left(\sum_{j=1}^{N}\boldsymbol{y}_j|0,j\rangle\right)/\|\boldsymbol{y}\|\right] \tag{A.3}$$

其中 $|0,\boldsymbol{y}\rangle$ 为通过增加 M 个 0 元素到 $|\boldsymbol{y}\rangle$ 后得到的 $M+N$ 维量子态 (向量), $|0,j\rangle$ 为 $M+N$ 维量子系统计算基态 (向量). 如上所示, 由于 $|\boldsymbol{y}\rangle$ 可在时间 $O(\text{polylog}(N))$ 内高效产生, $|0,\boldsymbol{y}\rangle$ 也可以有效制备. 通过比较量子态(A.2)和(A.3), 可以发现量子态 (A.2)是量子态(A.3) 在剔除 $\sum_{l=1}^{K}\left[\left(\sum_{\tau\in S_l}|\tau\rangle\right)/\sqrt{N}\right]\left[\left(\sum_{j\in S_l}\boldsymbol{y}_j|j\rangle\right)/\|\boldsymbol{y}\|\right]$ 后的归一化量子态向量. 由于 $K\geqslant 2$, 剩余项的幅度平方和为 $\frac{K-1}{K}\geqslant\frac{1}{2}$. 这表明, 通过增加一个辅助量子比特至(A.3)以标记(A.2)在(A.3)中的项, 然后以概率 $\frac{K-1}{K}\geqslant\frac{1}{2}$ 测量该量子比特得到标记时的状态, 测量后剩下的系统将处于所需要得到的量子态(A.2). 因此, 类似于量子态(A.3), 量子态(A.2)同样可以在时间 $O(\text{polylog}(N))$ 内高效产生.

A.2 $h(\lambda_j,\alpha)$ 的最大值和最大相对误差

$h(\lambda_j,\alpha)=\frac{(N+M)\lambda_j}{\lambda_j^2+\alpha}$ $(\alpha>0, j=1,2,\cdots,R)$ 的最大值和最大相对误差, 分别决定 C_1 的值和子算法 1 最后所得量子态的相对误差, 其中 $\lambda_j\in\left[\frac{N+M}{k},N+M\right]$.

此外, 它们的大小取决于 α 的实际选择. 这些结果也同样适用于子算法 2.

1. $h(\lambda_j,\alpha)$ 的最大值.

首先定义 $h(\lambda,\alpha)=\dfrac{(N+M)\lambda}{\lambda^2+\alpha}$, 此时 $\lambda\in\left[\dfrac{N+M}{k},N+M\right]$, 且 $\alpha>0$. 其导数为

$$h'(\lambda,\alpha)=\frac{(N+M)(\alpha-\lambda^2)}{(\lambda^2+\alpha)^2} \tag{A.4}$$

这表明

$$\max_{\lambda} h(\lambda,\alpha)=\begin{cases}\dfrac{(N+M)^2\kappa}{(N+M)^2+\kappa^2\alpha}, & \alpha\leqslant\dfrac{(N+M)^2}{\kappa^2}\\ \dfrac{N+M}{2\sqrt{\alpha}}, & \dfrac{(N+M)^2}{\kappa^2}<\alpha\leqslant(N+M)^2\\ \dfrac{(N+M)^2}{(N+M)^2+\alpha}, & (N+M)^2<\alpha\end{cases}$$

这些不同 α 的取值情况给了 $h(\lambda_j,\alpha)$ 最大值, 以及子算法 1 步骤 (3) 中 C_1 更严格和更紧的上界. 并且

$$\begin{aligned}\frac{\max\limits_{\lambda} h(\lambda,\alpha)}{\min\limits_{\lambda} h(\lambda,\alpha)}&=\max_{\lambda_1,\lambda_2}\frac{h(\lambda_1,\alpha)}{h(\lambda_2,\alpha)}\\&=\frac{\lambda_1(\lambda_2^2+\alpha)}{\lambda_2(\lambda_1^2+\alpha)}\\&\leqslant\frac{\lambda_1}{\lambda_2}\left(\frac{\lambda_2^2}{\lambda_1^2}+1\right)\\&=\frac{\lambda_2}{\lambda_1}+\frac{\lambda_1}{\lambda_2}\end{aligned} \tag{A.5}$$

在 $\{\lambda_1,\lambda_2\}=\left\{N+M,\dfrac{N+M}{\kappa}\right\}$(对于 $\kappa>1$) 时, 可达到其最大值 $\leqslant\kappa+\dfrac{1}{\kappa}=O(\kappa)$, $C_1=O\left(\max\limits_{\lambda_j}h(\lambda_j,\alpha)\right)^{-1}$, 因此 $C_1h(\lambda_j,\alpha)=\Omega(1/\kappa)$.

2. $h(\lambda_j,\alpha)$ 的最大相对误差.

事实上, 很容易看出 $h(\lambda_j,\alpha)$ 的最大相对误差为 $O(|g(\lambda)|\varepsilon_\lambda)$, 其中

$$g(\lambda)=\frac{h'(\lambda,\alpha)}{h(\lambda,\alpha)}=\frac{\alpha-\lambda^2}{\lambda(\lambda^2+\alpha)} \tag{A.6}$$

且 $\varepsilon_\lambda=O\left(\frac{N+M}{t}\right)$ 是通过相位估计 (子算法 1 的步骤 (2)) 估计 λ (λ_j) 时产生的误差. 由于

$$g^2(\lambda)-\frac{1}{\lambda^2}=\frac{-4\alpha}{(\lambda^2+\alpha)^2}<0 \tag{A.7}$$

在忽略 α 取值情况下, $|g(\lambda)|<\frac{1}{\lambda}$, 且 $h(\lambda_j,\alpha)$ 的相对误差为 $O(\kappa/t)$. 为了获得更准确、更实际的相对误差, 取 $g^2(\lambda)$ 关于 λ 的导数:

$$(g^2(\lambda))'=\frac{2(\alpha-\lambda^2)\left[\lambda^2-(2+\sqrt{5})\alpha\right]\left[\lambda^2-(2-\sqrt{5})\alpha\right]}{\lambda^3(\lambda^2+\alpha)^3} \tag{A.8}$$

这表明

$$\max_\lambda|g(\lambda)|$$
$$=\begin{cases}\dfrac{(N+M)^2\kappa-\kappa^3\alpha}{(N+M)\left[(N+M)^2+\kappa^2\alpha\right]}, & \alpha\in\left[0,\dfrac{(N+M)^2}{(2+\sqrt{5})\kappa^2}\right]\\ \dfrac{1+\sqrt{5}}{\sqrt{2+\sqrt{5}}(3+\sqrt{5})\sqrt{\alpha}}\approx\dfrac{0.3}{\sqrt{\alpha}}, & \alpha\in\left[\dfrac{(N+M)^2}{(2+\sqrt{5})\kappa^2},\dfrac{(N+M)^2}{\kappa^2}\right]\\ \max\left\{\dfrac{\kappa^3\alpha-(N+M)^2\kappa}{(N+M)\left[(N+M)^2+\kappa^2\alpha\right]},\dfrac{1+\sqrt{5}}{\sqrt{2+\sqrt{5}}(3+\sqrt{5})\sqrt{\alpha}}\right\}, & \alpha\in\left[\dfrac{(N+M)^2}{\kappa^2},\dfrac{(N+M)^2}{2+\sqrt{5}}\right]\\ \max\left\{\dfrac{\kappa^3\alpha-(N+M)^2\kappa}{(N+M)\left[(N+M)^2+\kappa^2\alpha\right]},\dfrac{(N+M)^2-\alpha}{(N+M)\left[(N+M)^2+\alpha\right]}\right\}, & \alpha\in\left[\dfrac{(N+M)^2}{2+\sqrt{5}},(N+M)^2\right]\\ \dfrac{\kappa^3\alpha-(N+M)^2\kappa}{(N+M)\left[(N+M)^2+\kappa^2\alpha\right]}, & \alpha\in\left[(N+M)^2,+\infty\right]\end{cases} \tag{A.9}$$

这些在 α 不同取值情况下的结果给出了 $h(\lambda_j,\alpha)$ 相对估计误差最大值更紧的上界, 此外还给出了子算法 1 最后所得量子态更紧的误差估计.

A.3 矩阵 $\boldsymbol{X}_{-l}$ 的奇异值规模

根据第 5 章内容可知, $\boldsymbol{X}=(\boldsymbol{x}_1,\cdots,\boldsymbol{x}_N)$, 且通过将 $\boldsymbol{X}$ 的 S_l 所指的行替换为 0 构造出矩阵 $\boldsymbol{X}_{-l}$, 有

$$\boldsymbol{X}^{\mathrm{T}}\boldsymbol{X}=\boldsymbol{X}_{-l}^{\mathrm{T}}\boldsymbol{X}_{-l}+\sum_{j\in S_l}\boldsymbol{x}_j^{\mathrm{T}}\boldsymbol{x}_j \tag{A.10}$$

需要注意的是, $\boldsymbol{X}_{-l}^{\mathrm{T}}\boldsymbol{X}_{-l}$ 的秩明显小于或等于 $\boldsymbol{X}^{\mathrm{T}}\boldsymbol{X}$, $\boldsymbol{X}^{\mathrm{T}}\boldsymbol{X}$ 和 $\boldsymbol{X}_{-l}^{\mathrm{T}}\boldsymbol{X}_{-l}$ 的特征值分别为 $0<\lambda_R^2\leqslant\cdots\leqslant\lambda_1^2$ 和 $0\leqslant\lambda_{lR}^2\leqslant\cdots\leqslant\lambda_{l1}^2$. 根据 Weyl 不等式 [85],

$$\lambda_j^2-\left\|\sum_{j\in S_l}\boldsymbol{x}_j^{\mathrm{T}}\boldsymbol{x}_j\right\|\leqslant\lambda_{lj}^2\leqslant\lambda_j^2 \tag{A.11}$$

这意味着 $\lambda_{l1}\leqslant\lambda_1\leqslant(N+M)^2$, 且 $\lambda_{lR}\geqslant\dfrac{(N+M)^2}{\kappa^2}-\dfrac{NM\|\boldsymbol{X}\|_{\max}^2}{K}$. 因此, 对于某个确定的 κ', 有 $\lambda_{lj}\in\left[\dfrac{N+M}{\kappa'},N+M\right]$. 并且, 对于 $\|\boldsymbol{X}\|_{\max}=\Theta(1)$ 和 $N=\Theta(M)$, 通过设置

$$K=\Omega\left(\frac{NM\|\boldsymbol{X}\|_{\max}^2\kappa^2}{(N+M)^2}\right)=\Omega\left(\kappa^2\right)$$

选取 $\kappa'=O(\kappa)$.

A.4 P_w 的规模

在子算法 2 的步骤 (4) 中, 测量成功概率为

$$P_{\boldsymbol{w}}=\frac{\sum_{l=1}^{K}\sum_{j}C_2^2\beta_{lj}^2h^2\left(\lambda_{lj},\alpha\right)\|\boldsymbol{y}_{-l}\|^2}{\sum_{l=1}^{K}\|\boldsymbol{y}_{-l}\|^2} \tag{A.12}$$

首先, 正如附录 A.2 中证明 $C_1h(\lambda_j,\alpha)\doteq\Omega(1/\kappa)$, 可以容易证明 $C_2h\left(\lambda_{lj},\alpha\right)=\Omega(1/\kappa')$. 更进一步, 由于

$$\begin{aligned}
\sum_{l=1}^{K}\sum_{j}\beta_{lj}^2\lambda_{lj}^2\|\boldsymbol{y}_{-l}\|^2&=\sum_{l=1}^{K}\left\|\boldsymbol{X}^{\mathrm{T}}_{-l}\boldsymbol{y}_{-l}\right\|^2\\
&\geqslant\frac{\left(\sum_{l=1}^{K}\left\|\boldsymbol{X}^{\mathrm{T}}_{-l}\boldsymbol{y}_{-l}\right\|\right)^2}{K}\\
&\geqslant\frac{\left\|\sum_{l=1}^{K}\boldsymbol{X}^{\mathrm{T}}_{-l}\boldsymbol{y}_{-l}\right\|^2}{K}\\
&=\frac{(K-1)^2\left\|\boldsymbol{X}^{\mathrm{T}}\boldsymbol{y}\right\|^2}{K}\\
&=\frac{(K-1)^2\sum_{j=1}^{R}\lambda_j^2\beta_j^2\|\boldsymbol{y}\|^2}{K}\\
&=\Omega\left(\frac{(N+M)^2(K-1)^2\|\boldsymbol{y}\|^2}{K\kappa^2}\right)
\end{aligned} \tag{A.13}$$

且 $\lambda_{lj}\leqslant(N+M)^2$, 可以得到

$$\begin{aligned}
\frac{\sum_{l=1}^{K}\sum_{j}\beta_{lj}^2\|\boldsymbol{y}_{-l}\|^2}{\sum_{l=1}^{K}\|\boldsymbol{y}_{-l}\|^2}&=\frac{\sum_{l=1}^{K}\sum_{j}\beta_{lj}^2\|\boldsymbol{y}_{-l}\|^2}{(K-1)\|\boldsymbol{y}\|^2}\\
&=\Omega\left(\frac{K-1}{K\kappa^2}\right)
\end{aligned}$$

$$= \Omega\left(\frac{1}{\kappa^2}\right) \tag{A.14}$$

这里需要注意 $K \geqslant 2$. 结合这两个结果, $P_{\boldsymbol{w}}$ 的规模为

$$P_{\boldsymbol{w}} = \Omega\left(\frac{1}{\kappa'^2\kappa^2}\right) \tag{A.15}$$

A.5 P_1 和 P_2 在岭回归具有较好预测性能时的规模

当岭回归达到良好的预测性能时, $\boldsymbol{w}_l^{\mathrm{T}}\boldsymbol{x}_\tau \approx y_\tau$ 对于大多数 $l=1,\cdots,K$ 和 $\tau \in S_l$ 成立, 因此

$$P_1 = \frac{\displaystyle\sum_{l=1}^{K}\sum_{\tau\in S_l}(\boldsymbol{w}_l^{\mathrm{T}}\boldsymbol{x}_\tau)^2}{M\|\boldsymbol{X}\|_{\max}^2\left(\displaystyle\sum_{l=1}^{K}N\|\boldsymbol{w}_l\|^2/K\right)} \approx \frac{\|\boldsymbol{y}\|^2}{M\|\boldsymbol{X}\|_{\max}^2\left(\displaystyle\sum_{l=1}^{K}N\|\boldsymbol{w}_l\|^2/K\right)} \tag{A.16}$$

此外, 由于

$$\boldsymbol{w}_l = (\boldsymbol{X}_{-l}^{\mathrm{T}}\boldsymbol{X}_{-l}+\alpha\boldsymbol{I})^{-1}\boldsymbol{X}_{-l}^{\mathrm{T}}\boldsymbol{y}_{-l} \tag{A.17}$$

$$= \sum_j \frac{\lambda_{lj}}{\lambda_{lj}^2+\alpha}\beta_{lj}\|\boldsymbol{y}\||\boldsymbol{v}_{lj}\rangle \tag{A.18}$$

且 $\lambda_{lj} \in \left[\dfrac{N+M}{\kappa'}, N+M\right]$, 有

$$\|\boldsymbol{w}_l\|^2 = \sum_j \frac{\lambda_{lj^2}}{(\lambda_{lj}^2+\alpha)^2}\beta_{lj}^2\|\boldsymbol{y}\|^2 \tag{A.19}$$

$$\leqslant \sum_j \frac{1}{\lambda_{lj}^2}\|\boldsymbol{y}\|^2 \tag{A.20}$$

$$\leqslant \sum_{j} \frac{\kappa'^2}{(N+M)^2} \|\boldsymbol{y}\|^2 \tag{A.21}$$

将该结果代入式(A.16), 在 $M=\Theta(N)$ 和 $\|\boldsymbol{X}\|_{\max}=\Theta(1)$ 的情况下, 可以得到

$$P_1 \geqslant \frac{(N+M)^2}{MN\kappa'^2\|\boldsymbol{X}\|_{\max}^2} \tag{A.22}$$

$$= \Omega(1/\kappa'^2) \tag{A.23}$$

此外, 将 $\boldsymbol{w}_l^{\mathrm{T}}\boldsymbol{x}_\tau \approx y_\tau$ (对于大多数 $l=1,\cdots,K$ 和 $\tau \in S_l$) 代入式(5.31), 可以很容易得到 $P_2 \approx 1$.

附录B

量子视觉追踪算法训练阶段初始量子态制备

本节展示如何制备量子视觉追踪算法的训练阶段初始量子态 $|\boldsymbol{y}\rangle$. 根据向量 $\boldsymbol{y}$ 的定义 (式 (6.2)), 对于一维图像, 在 $i=1,2,\cdots,\lfloor(n+1)/2\rfloor$ 时容易得出 $y_i=\mathrm{e}^{-(i-1)^2/s^2}$; 在 $i=\lfloor(n+1)/2\rfloor+1,\lfloor(n+1)/2\rfloor+2,\cdots,n$ 时, 易得 $y_i=\mathrm{e}^{-(n+1-i)^2/s^2}$. 由于元素 $\boldsymbol{y}$ 一般不是均匀分布的, 因此用一般的方法来制备量子态 $|\boldsymbol{y}\rangle=\sum_{i=1}^{n} y_i\,|i\rangle/\|\boldsymbol{y}\|$ 是非常耗时的：首先, y_i 并行载入一个量子寄存器; 然后, 在一个辅助量子比特上执行受控旋转操作并进行测量. 这样一来 $y_i/\|\boldsymbol{y}\|$ 就可以写在量子态幅度上. 文献 [83] 提供了另一种可供选择的高效方法, 对于任意满足 $1\leqslant i_1\leqslant i_2\leqslant n$ 的 i_1 和 i_2, 需要 $\sum_{i=i_1}^{i_2} y_i^2$ 是可高效计算的才能高效制备 $|\boldsymbol{y}\rangle$[36]. 然而, $y_1,\cdots,y_n$ 并不能满足这个条件. 这是因为对于任意两个满足 $1\leqslant i_1\leqslant i_2\leqslant n$ 的 i_1 和 i_2, 没有高效的计算公式来计算 $\sum_{i=i_1}^{i_2} y_i^2$. 下面, 通过结合上述两种方法, 介绍一种新的方法来高效制备 $|\boldsymbol{y}\rangle$.

该方法基于某些观察所得：当 $i=2,\cdots,\lfloor(n+1)/2\rfloor$ 时, y_i 可以被近似为一个高斯函数在一个合适的范围内的积分, 即

$$y_i^2 \approx \tilde{y}_i^2 := s\int_{\frac{i-2}{s}}^{\frac{i-1}{s}} \mathrm{e}^{-2t^2}\mathrm{d}t \tag{B.1}$$

但是 $y_i^2 \leqslant \tilde{y}_i^2$. 这与可由某些初级函数近似的误差函数 $E(x)=\dfrac{2}{\sqrt{\pi}}\displaystyle\int_0^x \mathrm{e}^{-t^2}\mathrm{d}t\ (x>0)$ 相关联. 例如, $E(x)\approx G(x):=1-(a_1t+a_2t^2+a_3t^3)\mathrm{e}^{-x^2}$ 的误差为 2.5×10^{-5}[99], 其中 $t=\dfrac{1}{1+px}$, $p=0.47047$, $a_1=0.3480242$, $a_2=-0.0958798$, $a_3=0.7478556$. 因为这个误差太小, 可对其进行忽略, 用 $G(x)$ 替换 $E(x)$, 并对 $i=2,\cdots,\lfloor(n+1)/2\rfloor$ 有

$$\tilde{y}_i^2=\frac{\sqrt{\pi}}{2\sqrt{2}}s\left(G\left(\frac{\sqrt{2}(i-1)}{s}\right)-G\left(\frac{\sqrt{2}(i-2)}{s}\right)\right)$$

这意味着, 对于任意两个 $i_1,i_2,2\leqslant i_1\leqslant i_2\leqslant\lfloor(n+1)/2\rfloor$, $\displaystyle\sum_{i=i_1}^{i_2}\tilde{y}_i^2$ 是可以高效计算的. 此外, 当 $i=2,\cdots,\lfloor(n+1)/2\rfloor$ 时, 由于 $y_1=1$, $y_i=y_{n+2-i}$, 可以设定 $\tilde{y}_1^2=1$, $\tilde{y}_i^2=\tilde{y}_{n+2-i}^2$. 因此, 对于任意两个 $i_1,i_2,1\leqslant i_1\leqslant i_2\leqslant n$, $\displaystyle\sum_{i=i_1}^{i_2}\tilde{y}_i^2$ 同样是可以高效计算的. 因此, 采用文献 [83] 的方法, 可在 $O(\log(n))$ 时间内高效制备量子态

$$|\tilde{\boldsymbol{y}}\rangle := \sum_{i=1}^{n}\frac{\tilde{y}_i}{\sqrt{\sum_{i=1}^{n}\tilde{y}_i^2}}|i\rangle \tag{B.2}$$

当具备高效制备 $|\tilde{\boldsymbol{y}}\rangle$ 的能力时, 通过以下过程也可以高效制备量子态 $|\boldsymbol{y}\rangle$:

(1) 在量子态 $|\tilde{\boldsymbol{y}}\rangle$ 上增加两个寄存器, 并且并行地载入 $\tilde{y}_i$ 和 y_i, 此时可以得到

$$\sum_{i=1}^{n}\frac{\tilde{y}_i}{\sqrt{\sum_{i=1}^{n}\tilde{y}_i^2}}|i\rangle|y_i\rangle|\tilde{y}_i\rangle$$

值得注意的是, $\tilde{y}_i$ 和 y_i 是可高效计算的.

(2) 增加另一个量子比特并执行受控旋转操作, 得到量子态

$$\sum_{i=1}^{n}\frac{\tilde{y}_i}{\sqrt{\sum_{i=1}^{n}\tilde{y}_i^2}}|i\rangle|y_i\rangle|\tilde{y}_i\rangle\left(\frac{y_i}{\tilde{y}_i}|1\rangle+\sqrt{1-\frac{y_i^2}{\tilde{y}_i^2}}|0\rangle\right)$$

(3) 执行步骤 (1) 的逆操作并丢弃相应的寄存器, 得到量子态

$$\sum_{i=1}^{n}\frac{\tilde{y}_i}{\sqrt{\sum_{i=1}^{n}\tilde{y}_i^2}}|i\rangle\left(\frac{y_i}{\tilde{y}_i}|1\rangle+\sqrt{1-\frac{y_i^2}{\tilde{y}_i^2}}|0\rangle\right)$$

(4) 测量最后一个量子比特以得到结果 $|1\rangle$, 此时第一寄存器将处于所期望的量子态 $|\boldsymbol{y}\rangle$.

当 n 足够大时, 容易得到 $\sum\limits_{i=1}^{n}\tilde{y}_i^2\approx\sum\limits_{i=1}^{n}y_i^2$, $\sum\limits_{i=1}^{n}y_i^2\approx\frac{\sqrt{\pi}}{2\sqrt{2}}s$, 则算法最后一步选择 (测量得结果 $|1\rangle$) 的成功率为

$$\frac{\sum_{i=1}^{n}y_i^2}{\sum_{i=1}^{n}\tilde{y}_i^2}=\Theta(1)$$

因此, 只需要常数次测量, 即可在 $O(\log(n))$ 时间内制备 $|\boldsymbol{y}\rangle$.

参 考 文 献

[1] Hilbert M, Lopez P. The World's Technological Capacity to Store, Communicate, and Compute Information[J]. Science, 2011,1200970.

[2] Han J W, Kamber M, Pei J. Data Mining: Concepts and Techniques[M]. 3rd ed. San Mateo: Morgan Kaufmann,2011.

[3] Bishop C M. Pattern Recognition and Machine Learning[M]. New York: Springer, 2006.

[4] Murphy K P. Machine Learning: a Probabilistic Perspective[M]. Cambridge: MIT Press, 2012.

[5] Géron A. Hands-on Machine Learning with Scikit-Learn and Tensor Flow: Concepts, Tools, and Techniques to Build Intelligent Systems[M]. Sevastopol:O'Reilly Media,2017.

[6] Laskari E C, Meletiou G C, Tasoulis D K, et al. Data Mining and Cryptology[C]//International Conference of Computational Methods in Sciences and Engineering. World Scientific Publishing, 2003:346-349.

[7] Khadivi P, Momtazpour M. Application of Data Mining in Cryptanalysis[C]//9th International Symposium on Communications and Information Technology. IEEE,2009:358-363.

[8] Coutinho M,de Oliveira Albuquerque R, Borges F,et al. Learning Prfectly Secure Cryptography to Protect Communications with Adversarial Neural Cryptography[J]. Sensors,2018,18(1306).

[9] Feynman R P. Simulating Physics with Computers[J]. International Journal of Theoretical Physics, 1982,21(467).

[10] Nielsen M A, Chuang I L. Quantum Computation and Quantum Information[M]. Cambridge: Cambridge University Press, 2010.

[11] Montanaro A. Quantum Algorithms: An Overview[J]. NPJ Quantum Inf. ,2016,2(15023).

[12] Lloyd S. Universal Quantum Simulators[J]. Science, 1996:1073-1078.

[13] Aharonov D, Ta-Shma A. Adiabatic Quantum State Generation and Statistical Zero Knowledge [C]//Proceedings of the Thirty-fifth Annual ACM Symposium on Theory of Computing. New York, ACM,2003: 20-29.

[14] Berry D W, Ahokas G, Cleve R, et al. Efficient Quantum Algorithms for Simulating Sparse Hamiltonians[J]. Communications in Mathematical Physics, 2007,270(359).

[15] Berry D W, Childs A M. Black-Box Hamiltonian Simulation and Unitary Implementation[J]. Quantum Inf. Comput. , 2012,12(29).

[16] Berry D W, Childs A M, Cleve R,et al. Simulating Hamiltonian Dynamics with a Truncated Taylor Series[J]. Phys. Rev. Lett. ,2015,114(090502).

[17] Low G H, Chuang I L. Optimal Hamiltonian Simulation by Quantum Signal Processing[J]. Phys. Rev. Lett. ,2017,118(010501).

[18] Childs A M, Maslov D, Nam Y,et al. Toward the First Quantum Simulation with Quantum Speedup[J]. Proceedings of the National Academy of Sciences,2018,115(9456).

[19] Rebentrost P, Steffens A, Marvian I, et al. Quantum Singular-Value Decomposition of Nonsparse Low-Rank Matrices[J]. Physical Review A,2018,97(012327).

[20] Shor P W. Algorithms for Quantum Computation: Discrete Logarithms and Factoring[C]// Proceedings of 35th Annual Symposium on Foundations of Computer Science. IEEE, 1994:124-134.

[21] Grover L K. A Fast Quantum Mechanical Algorithm for Database Search[C]//Proceedings of the Twenty-eighth Annual ACM Symposium on Theory of Computing. ACM, 1996:212-219.

[22] Brassard G, Hoyer P, Mosca M, et al. Quantum Amplitude Amplification and Estimation[J]. Contemporary Mathematics,2002,305(53).

[23] Rebentrost P, Mohseni M, Lloyd S. Quantum Support Vector Machine for Big Data Classification[J]. Phys. Rev. Lett. ,2014,113(130503).

[24] Schuld M, Sinayskiy I,Petruccione F. The Quest for a Quantum Neural Network[J]. Quantum Inf. Proc. ,2014,13(2567).

[25] Wiebe N, Kapoor A, Svore K M. Quantum Deep Learning[J]. Quantum Info. Comput., 2016,16(541).

[26] Romero J, Olson J, Aspuru-Guzik A. Quantum Autoencoders for Efficient Compression of Quantum Data[J]. Quantum Sci. Technol., 2017,2(045001).

[27] Amin M H, Andriyash E, Rolfe J, et al. Quantum Boltzmann Machine[J]. Phys. Rev. X, 2018, 8(021050).

[28] Benedetti M, Realpe-Gómez J, Perdomo-Ortiz A. Quantum-Assisted Helmholtz Machines: a Quantum-Classical Deep Learning Framework for Industrial Datasets in Near-Term Devices[J]. Quantum Sci. Technol., 2018,3(034007).

[29] Rebentrost P, Bromley T R, Weedbrook C, et al. Quantum Hopfield Neural Network[J]. Phys. Rev. A, 2018, 98(042308).

[30] Wittek P. Quantum Machine Learning: What Quantum Computing Means to Data Mining[M]. Cambridge: Academic Press, 2014.

[31] Schuld M, Sinayskiy I, Petruccione F. An Introduction to Quantum Machine Learning[J]. Cont. Phys., 2015, 56(172).

[32] Biamonte J, Wittek P, Pancotti N, et al. Quantum Machine Learning[J]. Nature, 2017, 549: 195-202.

[33] Dunjko V, Briegel H J. Machine Learning & Artificial Intelligence in the Quantum Domain: a Review of Recent Progress[J]. Rep. Prog. Phys., 2018, 81(074001).

[34] Chailloux A, Naya-Plasencia M, Schrottenloher A. An Efficient Quantum Collision Search Algorithm and Implications on Symmetric Cryptography[M]//Advances in Cryptology-ASIACRYPT. Cambridge: Springer, 2017: 211-240.

[35] Kim P, HanKyung D, Jeong C. Time-Space Complexity of Quantum Search Algorithms in Symmetric Cryptanalysis: Applying to AES and SHA-2[J]. Quantum Inf. Proc., 2018, 17(339).

[36] Harrow A W, Hassidim A, Lloyd S. Quantum Algorithm for Linear Systems of Equations[J]. Phys. Rev. Lett., 2009, 103(150502).

[37] Ambainis A. Variable Time Amplitude Amplification and a Faster Quantum Algorithm for Solving Systems of Linear Equations[EB/OL]. arXiv: 1010.4458, 2010.

[38] Childs A M, Kothari R, Somma R D. Quantum Algorithm for Systems of Linear Equations with Exponentially Improved Dependence on Precision[J]. SIAM J. Comput., 2017, 46(1920).

[39] Wossnig L, Zhao Z, Prakash A. Quantum Linear System Algorithm for Dense Matrices[J]. Phys. Rev. Lett., 2018, 120(050502).

[40] Pan J, Cao Y, Yao X, et al. Experimental Realization of Quantum Algorithm for Solving Linear Systems of Equations[J]. Phys. Rev. A, 2014, 89(022313).

[41] Zheng Y, Song C, Chen M C, et al. Solving Systems of Linear Equations with a Superconducting Quantum Processor[J]. Phys. Rev. Lett., 2017, 118(210504).

[42] Wen J, Kong X, Wei S, et al. Experimental Realization of Quantum Algorithms for Linear System Inspired by Adiabatic Quantum Computing[J]. Phys. Rev. A, 2019,99(012320).

[43] Anguita D, Ridella S, Rivieccion F, et al. Quantum Optimization for Training Support Vector Machines[J]. Neural Netw. ,2003,16(763).

[44] Li Z, et al. Experimental Realization of a Quantum Support Vector Machine[J]. Phys. Rev. Lett. ,2015,114(140504).

[45] Pudenz K L, Lidar D A. Quantum Adiabatic Machine Learning[J]. Quantum Inf. Process. , 2013,12(2027).

[46] Lloyd S, Mohseni M, Rebentrost P. Quantum Algorithms for Supervised and Unsupervised Machine Learning[EB/OL]. arXiv:1307.0411,2013.

[47] Cai X D,et al. Entanglement-Based Machine Learning on a Quantum Computer[J]. Phys. Rev. Lett. , 2015,114(110504).

[48] Cong I, Duan L. Quantum Discriminant Analysis for Dimensionality Reduction and Classification[J]. New J. Phys. ,2016,18(073011).

[49] Schuld M, Fingerhuth M, Petruccione F. Implementing a Distance-Based Classifier with a Quantum Interference Circuit[J]. Europhys. Lett. ,2017,119(60002).

[50] Duan B, Yuan J, Liu Y, et al. Quantum Algorithm for Support Matrix Machines[J]. Phys. Rev. A,2017,96(032301).

[51] Schuld M, Bocharov A, Svore K, et al. Circuit-Centric Quantum Classifiers[EB/OL]. arXiv: 1804.00633, 2018.

[52] Schuld M, Petruccione F. Quantum Ensembles of Quantum Classifiers[J]. Sc. Rep. , 2018,8 (2772).

[53] Farhi E, Neven H. Classification with Quantum Neural Networks on Near Term Processors[EB/OL]. arXiv:1802.06002,2018.

[54] Liu N, Rebentrost P. Quantum Machine Learning for Quantum Anomaly Detection[J]. Phys. Rev. A,2018,97(042315).

[55] Wiebe N, Braun D, Lloyd S. Quantum Algorithm for Data Fitting[J]. Phys. Rev. Lett. ,2012, 109(050505).

[56] Liu Y, Zhang S. Fast Quantum Algorithms for Least Squares Regression and Statistic Leverage Scores[J]. Theor. Comput. Sci. ,2017,657(38).

[57] Schuld M, Sinayskiy I, Petruccione F. Prediction by Linear Regression on a Quantum Computer[J]. Phys. Rev. A,2016,94(022342).

[58] Wang G. Quantum Algorithm for Linear Regression[J]. Phys. Rev. A, 2017,96(012335).

[59] Aïmeur E, Brassard G, Gambs S. Quantum Speed-Up for Unsupervised Learning[J]. Mach. Learn. ,2013,90(261).

[60] Otterbach J S, Manenti R, Alidoust N, et al. Unsupervised Machine Learning on a Hybrid

Quantum Computer[J]. arXiv:1712.05771,2017.

[61] Lloyd S, Mohseni M, Rebentrost P. Quantum Principal Component Analysis[J]. Nature Physics, 2014,10(631).

[62] Lloyd S, Garnerone S, Zanardi P. Quantum Algorithms for Topological and Geometric Analysis of Data[J]. Nature Communications,2016,7(10138).

[63] Schuld M, Killoran N. Quantum Machine Learning in Feature Hilbert Spaces[J]. Phys. Rev. Lett.,2019,122(040504).

[64] Havlíĉek V, Córcoles A D, Temme K, et al. Supervised Learning with Quantum-Enhanced Feature Spaces[J]. Nature,2019,567(209).

[65] Babbush R, Gidney C, Berry D W, et al. Encoding Electronic Spectra in Quantum Circuits with Linear T Complexity[EB/OL]. arXiv:1805.03662,2018.

[66] Yu C H, Gao F, Wang Q L, et al. Quantum Algorithm for Association Rules Mining[J]. Phys. Rev. A,2016,94(042311).

[67] Yu C H, Gao F, Lin S, et al. Quantum Data Compression by Principal Component Analysis[J]. Quantum Information Processing, 2019,18(249).

[68] Yu C H, Gao F, Wen Q Y. An Improved Quantum Algorithm for Ridge Regression[J]. IEEE Transactions on Knowledge and Data Engineering, 2021,33:858-866.

[69] Yu C H, Gao F, Liu C H, et al. Quantum Algorithm for Visual Tracking[J]. Phys. Rev. A, 2019,99(022301).

[70] Agrawal R, Srikant R. Fast Algorithms for Mining Association Rules[C]//Proceedings of the 20th International Conference on Very Large Data Bases. Morgan Kaufmann, San Francisco, CA, 1994:487-499.

[71] Mannila H, Toivonen H, Verkamo A I. Efficient Algorithms for Discovering Association Rules [C]//KDD-94: AAAI Workshop on Knowledge Discovery in Databases. Seattle, Washington, 1994:181-192.

[72] Barenco A, Bennett C H, Cleve R, et al. Elementary Gates for Quantum Compution[J]. Phys. Rev. A,1995,52(3457).

[73] Giovannetti V, Lloyd S, Maccone L. Quantum Random Access Memory[J]. Phys. Rev. Lett., 2008,100(160501).

[74] http://fimi.ua.ac.be/data/.

[75] Ying S, Ying M, Feng Y. Quantum Privacy-Preserving Data Mining[EB/OL]. arXiv:1512.04009,2015.

[76] Daskin A. Obtaining a Linear Combination of the Principal Components of a Matrix on Quantum Computers[J]. Quantum Inform. Process.,2016,15(4013).

[77] Buhrman H, Cleve R, Watrous J, et al. Quantum Fingerprinting[J]. Phys. Rev. Lett.,2001,87(167902).

[78] Rozema L A, et al. Quantum Data Compression of a Qubit Ensemble[J]. Phys. Rev. Lett., 2014,113(160504).

[79] Yang Y, Chiribella G, Hayashi M. Optimal Compression for Identically Prepared Qubit States[J]. Phys. Rev. Lett.,2016,117(090502).

[80] Yang Y, Chiribella G, Ebler D. Efficient Quantum Compression for Ensembles of Identically Prepared Mixed States[J]. Phys. Rev. Lett., 2016,116(080501).

[81] Kerenidis I, Prakash A. Quantum Recommendation Systems[EB/OL]. arXiv:1603.08675,2016.

[82] Häner T, Roetteler M, Svore K M. Optimizing Quantum Circuits for Arithmetic[EB/OL]. arXiv:1805.12445,2018.

[83] Harrow A W, Montanaro A, Short A J. Limitations on Quantum Dimensionality Reduction[J]. Int. J. of Quantum Inform.,2015,13(1440001).

[84] Hoerl A E, Kennard R W. Ridge Regression: Biased Estimation for Nonorthogonal Problems[J]. Technometrics,1970,12(55).

[85] van Wieringen W N. Lecture Notes on Ridge Regression[EB/OL]. arXiv:1509.09169,2015.

[86] Hogben L. Handbook of Linear Algebra[M]. Boca Raton: CRC, 2006.

[87] Grover L, Rudolph T. Creating Superpositions that Correspond to Efficiently Integrable Probability Distributions[EB/OL]. arXiv:quant-ph/0208112,2002.

[88] Chen S, Liu Y, Lyu M, et al. Fast Relative-Error Approximation Algorithm for Ridge Regression[C]//Proc. 31th Conference on Uncertainty in Artificial Intelligence. 2015:201.

[89] Franklin J N. Matrix Theory[M]. New York: Dover Publications, 1993.

[90] He X, Zhang C, Zhang L, et al. A-Optimal Projection for Image Representation[J]. IEEE Transactions on Pattern Analysis and Machine Learning, 2016,38(5).

[91] Henriques J F, Caseiro R, Martins P, et al. High-Speed Tracking with Kernelized Correlation Filters[J]. IEEE Trans. Pattern Anal. Mach. Intell., 2015,7(583).

[92] Henriques J F, Caseiro R, Martins P, et al. Exploiting the Circulant Structure of Tracking-by-Detection with Kernels[M]//Computer Vision-ECCV 2012. Berlin: Springer, 2012; Lecture Notes in Computer Science, 7575:702-715.

[93] Mountney P, Stoyanov D, Yang G Z. Three-Dimensional Tissue Deformation Recovery and Tracking: Introducing Techniques Based on Laparoscopic or Endoscopic Images[J]. IEEE Signal Processing Magazine, 2010,27(14).

[94] Yang H, Shao L, Zheng F, et al. Recent Advances and Trends in Visual Tracking: A Review[J]. Neurocomput., 2011,74(3823).

[95] Smeulders A, Chu D, Cucchiara R, et al. Visual Tracking: An Experimental Survey[J]. IEEE Trans. Pattern Anal. Mach. Intell., 2014,36(1442).

[96] Zhou S S, Wang J B. Efficient Quantum Circuits for Dense Circulant and Circulant-Like Operators[J]. R. Soc. open sci.,2017,4(160906).

[97] Henriques J F(private communication).

[98] Garcia-Escartin J C, Chamorro-Posada P. Swap Test and Hong-Ou-Mandel Effect are Equivalent[J]. Phys. Rev. A,2013,87(052330).

[99] Patel R B, et al. A Quantum Fredkin Gate[J]. Science Advances,2016,2(e1501531).

[100] Ferreyrol F, et al. Implementation of a Quantm Fredkin Gate Using an Entanglement Resource [C]//2013 Conference on Lasers and Electro-Optics Europe (CLEO EUROPE/IQEC) & International Quantum Electronics Conference. Munich: IEEE,2013:1.

[101] Linke N M, et al. Measuring the Renyi Entropy of a Twosite Fermi-Hubbard Model on a Trappedion Quantum Computer[EB/OL]. arXiv:1712.08581,2017.

[102] Cincio L, et al. Learning the Quantum Algorithm for State Overlap[EB/OL]. arXiv: 1803. 04114, 2018.

[103] Abramowitz M, Stegun I A. Handbook of Mathematical Functions with Formulas, Graphs, and Mathematical Tables[M]. New York: Dover Publications Inc., 1965.

[104] Farhi E, Goldstone J, Gutmann S. A Quantum Approximate Optimization Algorithm[EB/OL]. arXiv:1411.4028,2014.

[105] Farhi E, Harrow A W. Quantum Supremacy through the Quantum Approximate Optimization Algorithm[EB/OL]. arXiv:1602.07674,2016.